慢生活工坊 编

绿色蔬菜栽培入门手册

海峡出版发行集团 THE STRAITS PUBLISHING & DISTRIBUTING GROUP | 福建科学技术出版社 FUJIAN SCIENCE & TECHNOLOGY PUBLISHING HOUSE

图书在版编目（CIP）数据

绿色蔬菜栽培入门手册 / 慢生活工坊编 .—福州：福建科学技术出版社，2018.11

ISBN 978-7-5335-5683-9

Ⅰ. ①绿… Ⅱ. ①慢… Ⅲ. ①蔬菜园艺 - 手册 Ⅳ. ① S63-62

中国版本图书馆 CIP 数据核字（2018）第 201642 号

书　　名 **绿色蔬菜栽培入门手册**
编　　者 慢生活工坊
出版发行 福建科学技术出版社
社　　址 福州市东水路 76 号（邮编 350001）
网　　址 www.fjstp.com
经　　销 福建新华发行（集团）有限责任公司
印　　刷 福州华悦印务有限公司
开　　本 889 毫米 ×1194 毫米 1/32
印　　张 8
图　　文 256 码
版　　次 2018 年 11 月第 1 版
印　　次 2018 年 11 月第 1 次印刷
书　　号 ISBN 978-7-5335-5683-9
定　　价 39.80 元

蔬菜的农药残留严重?

超市的蔬菜不新鲜?

每天上下班没时间买菜?

想要得到更健康、更清新的生活?

一本《绿色蔬菜栽培入门手册》，将让你开辟阳台一隅，就能全家都吃上新鲜的蔬菜。利用周末的时间，自己动手，周期最短的蔬菜仅仅一周就能让你吃到美味的新鲜蔬菜。书中六十余种常见的蔬菜栽种，一定能找到你爱吃的那一种，每种蔬菜不仅有它们的蔬菜名片，还有其食用价值、最佳播种时间以及播种的方法等。本书内容详尽如教科书、图片编排丰富有趣如杂志，让你在阳台忙碌的同时找到美的享受。

无论你是上班族还是赋闲在家，只要你有一颗天天向上的心，你就能自给自足，成为阳台蔬菜大家!

参加本书编写的包括：李倪、张爽、易娟、杨伟、李红、胡文涛、樊媛超、张严芳、檀辛琳、廖江衡、赵丹华、戴珍、范志芳、赵海玉、罗树梅、周梦颖、郑丽珍、陈炜、郑瑞然、刘琳琳、楚晶晶、惠文婧、赵道强、袁劲草、钟叶青、周文卿等。由于作者水平有限，书中难免有疏漏之处，恳请广大读者朋友给予批评指正 。若读者有技术或其他问题可通过邮箱xzhd2008@sina.com和我们联系。

目录
CONTENTS

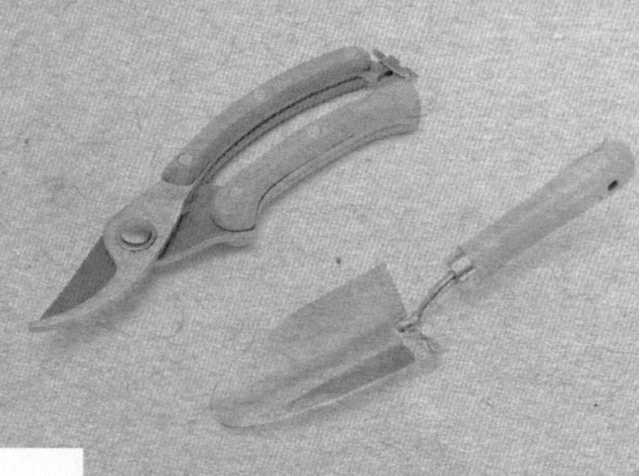

第一章
阳台种菜的准备工作

第二章
阳台种菜的日常养护要点

第三章
传统型蔬菜的栽种方法

第四章
创新型蔬菜的栽植方法

第五章
可以直接吃的蔬菜

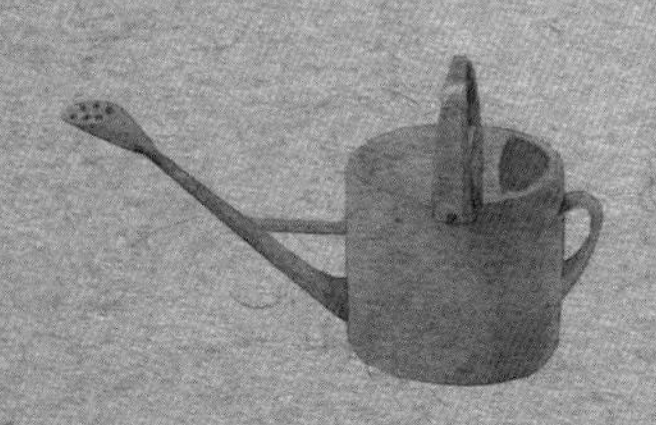

第六章
不可缺少的美食佐料

第一章 阳台种菜的准备工作

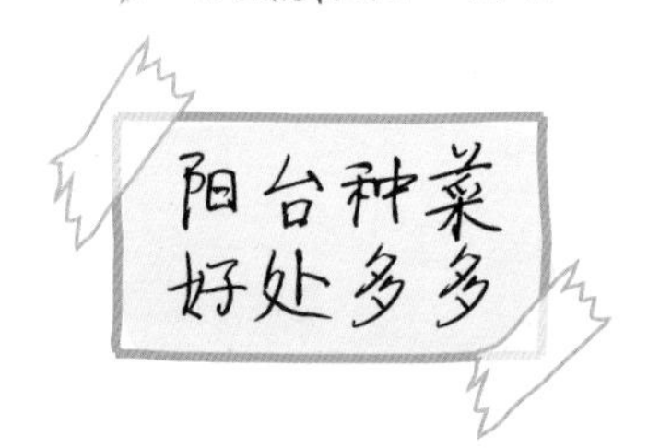

阳台种菜好处多多

如果你属于一整天对着电脑或者电视的人群，那不妨来试着种种菜吧，阳台种菜是现代家庭园艺生活的一部分，也是一种健康的生活方式。

菜市场中买来的蔬菜往往是经过长距离运输后才周转到消费者手上，新鲜度有限，而且难免残留一些农药和化肥，可能会对我们的身体产生一种危害。而自己在阳台上种出的蔬菜新鲜、健康，随时可以采摘食用，下面就让我们来看看阳台种菜的好处。

享受动手的乐趣

健康无污染

收获带来浓浓的满足感

小贴士：

既然阳台种菜有这么多的好处，那你还在犹豫什么，赶紧行动起来，打造属于自己的阳台菜园吧。

阳台种菜不使用农药和化肥，而是采用天然的有机肥料，能够保证种出的蔬菜是一种健康无污染的食品，而且随采随食，新鲜度高，营养价值损失少。

阳台种菜不但可以吃到新鲜无污染的蔬菜，还能美化家庭环境，在种菜的过程中赏其形、闻其香。此外，阳台种菜对提高室内空气质量也有一定的帮助。

经过一天的工作后，人一定会感到疲劳和压力，下班回家后，在阳台上与生机盎然、色彩多样的蔬菜相处，能够放松心情、缓解压力，享受田园般的乐趣。

可以在阳台上种植的蔬菜有很多，下面就为大家进行简单的整理和分类，帮助你根据不同的需求来选择。

根据植物收获部位的不同，可以进行如下分类。

瓜果类蔬菜：这类蔬菜主要包括茄子、辣椒、西红柿、黄瓜、苦瓜、黄秋葵、毛豆、扁豆等。

根茎类蔬菜：这类蔬菜主要包括萝卜、胡萝卜、土豆、洋葱等。

叶菜、花菜类：这类蔬菜主要包括生菜、芹菜、京水菜、甜菜、油麦菜、芝麻菜、菠菜、小白菜、花椰菜、西兰花等。

根据收获周期的不同可以分为两类。

收获周期短的蔬菜：这类蔬菜主要包括小松菜、幼芽菜、芝麻菜、小芜菁、樱桃萝卜等。

收获周期长的蔬菜：这类蔬菜主要包括番茄、辣椒、葱、苦瓜等。

小贴士：

此外，根据特殊的需求，我们针对蔬菜的种类再给出如下的整理归类。栽培难度小的蔬菜：这类蔬菜主要包括苦瓜、胡萝卜、葱、生菜、小白菜等。不易得病虫害的蔬菜：这类蔬菜主要包括土豆、葱、洋葱等。占用空间小的蔬菜：这类蔬菜主要包括胡萝卜、萝卜、葱、香菜等。

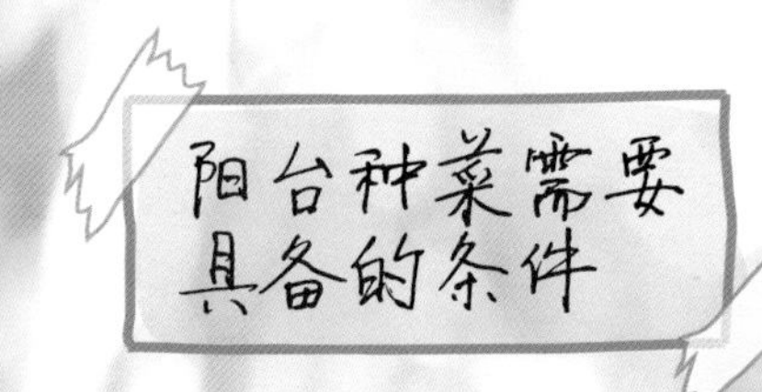

阳台种菜需要具备的条件

前期的准备工作需要做到位才能让蔬菜很好地生长。阳台种菜需要考虑阳台的日照、通风、温度，了解了这些才能知道阳台是否适合种植蔬菜。

日照要充足

日常生活中常见的蔬菜都喜欢日照，所以最好在朝东或朝南的阳台栽植蔬菜，尽量避免将蔬菜养护在光照条件较差的地方。但是，在炎热的夏季也需要进行适当的遮阴养护，否则蔬菜也易被晒伤。

通风应良好

一个通风良好的环境是蔬菜健康生长的基础。如果将栽植的蔬菜同一水平地摆放在角落中，容易造成通风不畅、水分蒸发过快，为了使蔬菜错落有致地摆放使之通风良好，就需要摆放一些支杆以利于通风。

温度当适宜

四季不同、昼夜不同都会使温度有所差别；同时，阳台上不同材质的地板、墙面也会影响温度。在夏季温度过于高时，需要经常喷雾以降低气温；冬季温度低，可用覆盖物等遮挡，如是盆栽也可搬至室内养护。

根据阳台的朝向来选择蔬菜

由于每个家庭的阳台条件是不一样的，有的面积大，有的面积小，有的楼层高，有的楼层低，有的朝南，有的朝北，因此在蔬菜的选择上也有所不同。一般说来，如果空间允许，大多数蔬菜瓜果都可在阳台上栽种，这里我们主要针对阳台的朝向及采光条件来进行讨论。

阳台的朝向可以分为四种，分别是朝南、朝北、朝东和朝西，不同的朝向就相对应地决定了阳台光照条件的不同。

朝北的阳台能够接受的光照较少，适宜种植的蔬菜种类也相对较少，一般只种植一些耐阴性的蔬菜，例如莴苣、韭菜、空心菜、木耳菜、芝麻菜等。

朝南阳台适合栽植的蔬菜：尖椒

朝北阳台适合栽植的蔬菜：空心菜

东西朝向的阳台适合栽植的蔬菜：芝麻菜

小贴士：

除了朝向以外，阳台的封闭状况也决定着蔬菜种类的选择。全封闭阳台冬季比较温暖，因此可选择的蔬菜范围也比较广，基本一年四季都可栽种蔬菜。半封闭或未封闭阳台冬季温度较低，一般不宜在冬天栽种蔬菜；夏天太阳直射导致温度过高，也要注意遮光保护蔬菜。

朝南的阳台属于全日照的条件，阳光充足、通风良好，一般被认为是种植蔬菜的最佳场所，在朝南的阳台上适合栽植的蔬菜主要有黄瓜、苦瓜、番茄、毛豆、尖椒等。

朝东或者朝西的阳台都属于半日照的环境，白天通常有一半的时间能够接受光照，适合栽植一些喜光也耐阴的蔬菜，如洋葱、油菜、丝瓜、香菜、萝卜等。但需要注意的是，朝西阳台在夏季的下午温度较高，容易使某些蔬菜产生日烧、落叶甚至死亡的情况，因此要注意遮阴。

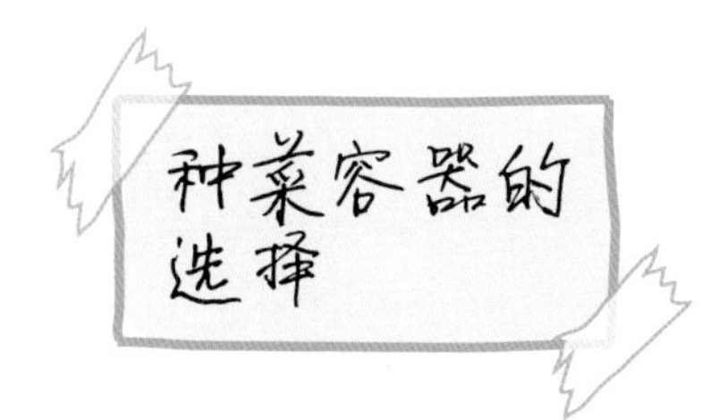

种菜容器的选择

“工欲善其事，必先利其器”，阳台种菜过程中，首当其冲的就是要选择好种植容器。种植容器是种子的温床，对种子的发育以及成长起了重要的作用，所以选择一个好的种植容器，是阳台种菜好的开始。

对于阳台种菜来说，几乎所有可以装土的容器都可以用来作为阳台种菜的设备，但还是有很多方面需要注意的，下面就来一一介绍。

一、材质

阳台种菜的容器，材质主要有陶、塑料和木等。一般来说，陶质及木质容器，相对于塑料容器来讲，排水效果会好一些；而塑料盆的质地轻，携带方便，经久耐用，价格低廉。在挑选木制容器时，不要用经过高压处理的，因为其中含有有毒物质，不利于蔬菜的健康。此外，生活中的水桶、花盆、铝皮箱、坛子，甚至轮胎、麻袋等都能作为种菜的容器，但是并不常用。

塑料容器

木制容器

不宜选择黑色的容器

二、大小和颜色

一般较大的蔬菜用较大的容器，较小的蔬菜用较小的容器，在种菜容器的选择上要遵循宁大勿小的原则，因为大点的容器不仅有充足的空间，而且蓄水量也大，夏季不会很快干涸。而容器的颜色只要记住慎用黑色就可以了，因为黑色更容易吸热，有可能损害植物的根系。

三、排水孔

选择的容器最好带有排水孔，从而保证排水的通畅性，避免植物的根系因为缺氧而窒息腐烂。

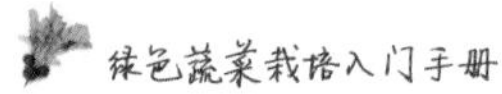

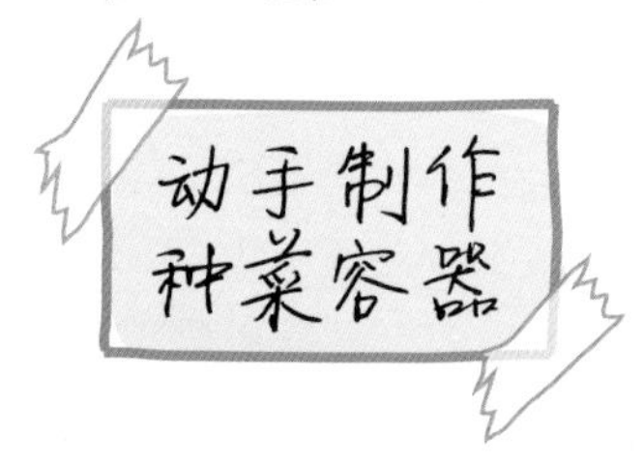

阳台种菜是一项非常轻松和随性的活动，这一点在容器的选择上最容易体现。我们不仅可以利用购买的容器，还可以完全借助身边的物品，自己动手进行制作，下面就给大家展示一款种菜容器自己动手制作的步骤。

种菜的容器完全可以自己动手制作哦

准备材料

洗涤液壶、剪刀、小刀、记号笔

1 清洗洗涤液壶的内部，并将商标撕掉。

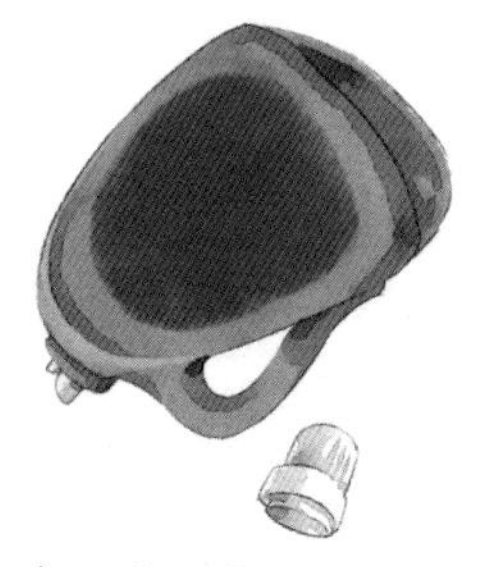

2 用剪刀将洗涤液壶的底部剪开。

3 用小刀在壶盖上戳出四个小孔。

4 你还可以用记号笔在壶身上画一些自己喜欢的图案。

5 最后在容器中倒入培养土并种上蔬菜就可以了。

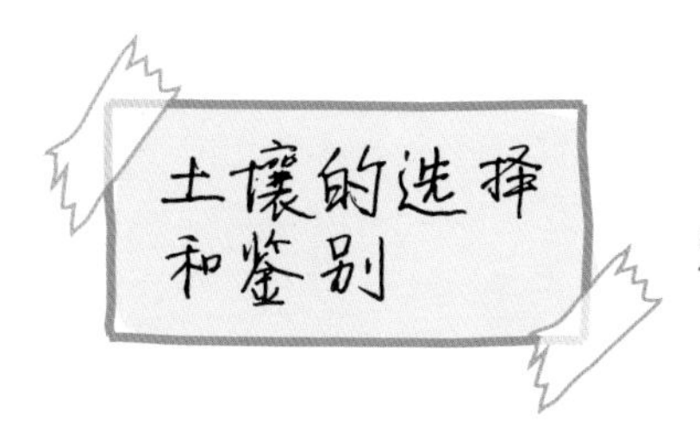

土壤是蔬菜育种和成长的温床，因此阳台种植蔬菜，土壤的选择非常重要。

根据土壤黏度的不同，可以将其分为黏土壤、沙壤土和黏度适中的土壤。

黏土壤：黏土壤的保水保肥能力强，但是排水性不佳。此外，这类土壤中含有的营养非常丰富，比较适合于晚熟的蔬菜，如白菜，卷心菜，甘蓝等。

沙壤土：沙壤土的土质疏松、排水好，但保水保肥力不是很好，其中的矿物质含量也比较少，耐旱的瓜类蔬菜比较适合种植在沙壤土中。

黏度适中的土壤：这类土壤保水、保肥较好，土壤的结构也很好，营养成分比较丰富，一般的蔬菜都可以种植在其中。

小贴士：

阳台种菜的土壤一般包括两种，一种是铺在容器底部的颗粒土，主要包括陶粒、鹿沼土和赤玉土；第二种是在盆土中占比例较大的培养土，通常由腐叶土、泥炭土和园土混合组成。

陶粒

一种具有较强透气性和排水性的颗粒介质，常常被用作盆栽的铺底物，是比较常用的颗粒物。

赤玉土

由火山灰堆积而成，是运用最广泛的一种土壤介质，其形状有利于蓄水和排水，中粒适用于各种蔬菜的栽植。

鹿沼土

一种罕见的物质，产于火山区，呈酸性，有很高的通透性、蓄水力和通气性强，尤其适合忌湿、耐瘠薄的植物。鹿沼土可单独使用，也可与泥炭、腐叶土等其他介质混用。

腐叶土

腐叶土是由枯叶、落叶、枯枝及腐烂根组成。具有丰富的腐殖质和很好的物理性能。

泥炭土

泥炭土是由苔藓类及藻类堆积腐化而成的一种介质，质地松软，呈酸性或微酸性，有很丰富的有机质，很难分解，保肥和保水能力较强。

园土

园土是经过改良、施肥以及精耕细作后的菜园、花园土壤。已经去除杂草根、碎石子、虫卵，经过打碎、过筛，呈微酸性。

土壤是贮存水分、营养物质及微生物的地方，对蔬菜的生长还起着固定植株的作用，植物生长所需的大部分养分和水分都来自土壤，因此在购买土壤时，一定要注意区别优劣。优质的土壤重量轻、空隙大、透气性好，适合蔬菜的健康生长；而劣质的土壤有透气性差、排水性差、缺少营养、保肥能力差等缺点，不利于蔬菜生长，甚至会影响植物的健康。

小贴士：

那么具体怎么来鉴别土壤的好坏呢？

首先看土壤的颜色，颜色比较深的，如呈现黑色或者灰黑色的，一般都是比较肥沃的土壤，而瘦土的颜色就比较浅。其次是观察土壤的酥黏度，可以用小铲子在土壤中挖一挖，如果土壤的土质比较疏松，湿润的土壤不会黏在铲子上，干燥的土壤一挖就碎的通常为肥沃的土壤。此外，对于湿润的土壤，如果用手一捏就成团，有凉爽之感，落地后就散碎，也是优质土壤的特征。

阳台种菜时，土壤是一个重要的元素，土壤质量的好坏直接决定着蔬菜种子的发芽率和生长状况，买回来或者挖回家的土壤如果处理得不好，就很容易滋生害虫，那么土壤究竟要进行怎样的处理呢？其实就是消毒，常用的方法有五种。

日光暴晒法

这种方法最简单也最方便，是最常用的土壤消毒法。只需将土壤平摊在干净的地面上或地板上，接受阳光的直射就可以了。一般来说，普通的泥土在太阳下暴晒 3~5 天，就能够有效地杀死大量病菌孢子、菌丝和虫卵、害虫、线虫等。此外用石灰粉搅拌泥土也可以减少病虫害发生。日光暴晒法的缺点也很显著，就是消毒不是很彻底。

日光暴晒法

水煮法

水煮法就是将土壤放在蒸笼中或者是高压锅内，加水高温蒸煮的消毒方法，温度宜控制在 60~100℃，时间在 30~60 分钟，这种方法可杀灭大部分细菌、真菌、线虫和昆虫，并使大部分杂草种子丧失活力。但蒸煮的时间不宜太长，否则会杀死土壤中有益的微生物。

药剂法

它是一种化学的方法，将买来的药剂按照说明书上的要求用清水稀释到一定倍数，然后喷洒于土壤的表层或者灌溉到土壤当中即可，此法可以杀死土壤中存在的虫卵和肉眼看不到的害虫。

火烧法

将土壤放入铁锅或铁板上加火烧灼，待土粒变干后再烧 0.5 ～ 1 小时，可将土中的病虫彻底消灭干净。

熏蒸剂法

将熏蒸剂注入土壤之中，会在土壤的表面形成一层保护膜，然后将土壤放在密闭的空间中，熏蒸剂会在土壤中扩散从而达到杀死害虫的作用。使用这种方法时，必须要等熏蒸剂完全挥发掉以后才能种植蔬菜。

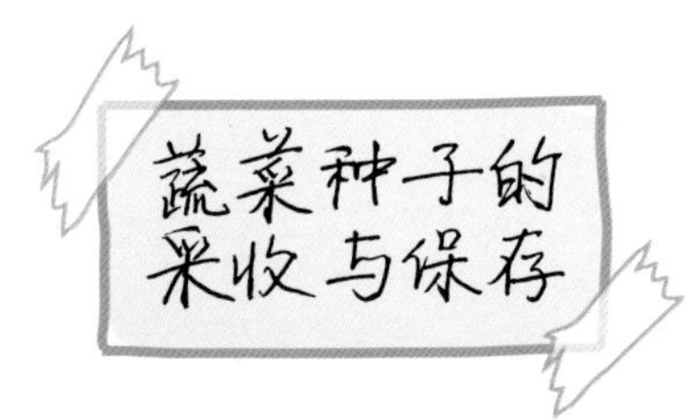

蔬菜种子的采收与保存

第一次种植蔬菜可以在网上或者店里买来种子或者幼苗进行栽培，等到自己种出蔬菜以后，就完全可以自给自足了，不仅能够享受收获的乐趣，也省去了去店里购买的时间和金钱，何乐而不为呢？

要想采收蔬菜的种子，最关键的是要把握采收的时机，这样才能获得最优质的种子。不同类型的蔬菜，采收的时机也不相同，花叶类蔬菜的种子一般用手轻轻一揉就能够脱粒，瓜果类的蔬菜要等到果实完全成熟才可以采收，地下根茎类的蔬菜则要在成熟后收获。

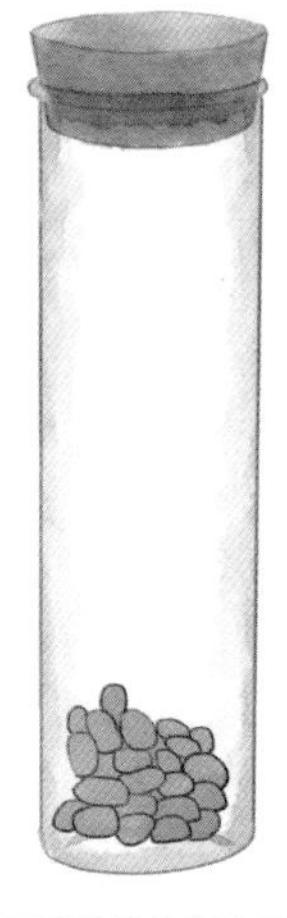

将晒干的种子放入玻璃瓶内

将装有种子的容器放入无阳光直射且通风干燥的地方保存

采收的种子如果不急于播种，则需要进行存放，一般来说，保存种子的步骤如下：

1. 对采收的种子进行充分地晾晒，避免种子受潮腐烂或生虫。

2. 将晒干的种子放入玻璃瓶或铁盒等封闭的容器中，并贴上植物名称标签，以免混淆。

3. 将装有种子的容器放入无阳光直射且通风干燥的地方保存。

4. 在梅雨季节过后的晴天，要将种子从容器中取出，进行清理和晾晒，以防霉变和生虫。此外，对于保存时间在三年以上的种子，不宜进行播种。

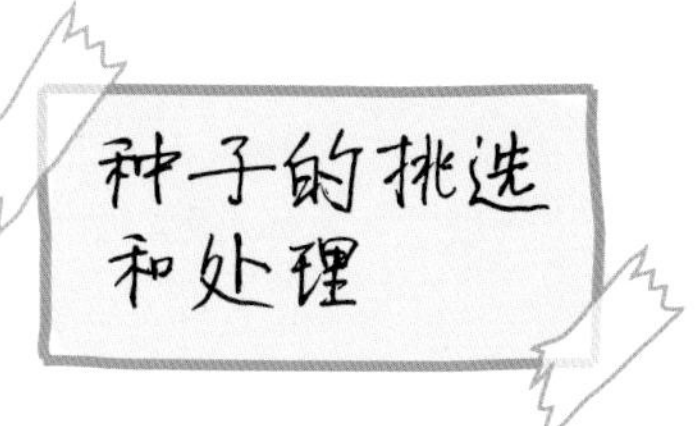

要想种出好的蔬菜，种子很关键。我们在市场上购买种子时，要注意鉴别优劣，主要通过看、闻、摸这三个方面。

看就是观察种子的颜色和大小是否均匀，颗粒是否饱满，这些都是衡量蔬菜种子抗病能力的依据。闻指的是闻一闻蔬菜种子是否有霉变的味道，如果有霉变的味道说明其中已经有大量的细菌产生，这样的种子买回去以后发芽率很低。摸就是要辨别蔬菜种子是干是潮，潮的种子不要购买。把握好这三点，基本就可以保证种菜的第一步是没有问题的。

种子的挑选

但是，市场上面买回来的种子多多少少都是带有细菌的，如果直接播种，植物在生长过程中就会容易滋生病虫害，所以为了保证蔬菜幼苗的健康成长，在将买回种子进行播种前，需要进行消毒处理。

最简单的消毒方法就是将买回的种子浸泡在温水里，温度先控制在 60℃左右，浸泡 10~15 分钟；然后将水温降低至 30℃左右，继续浸泡几个小时；最后将种子从水里拿出、晾干就可以了。

小贴士：

此外，对于比较脏或者已经被污染的种子，可以使用药液浸泡种子。一般先用清水浸种 3 ~ 4 小时，然后放入福尔马林 100 倍液中浸泡 20 分钟，取出用清水冲净即可。

有一些蔬菜种植前还需要进行催芽的处理，例如番茄、辣椒、茄子、黄瓜等，目的是让蔬菜的出苗率更高些。催芽前，先将种子放在清水中浸泡 2~3 小时；然后在育苗盘的底部放上几层纱布、滤纸或吸水的纸巾，并用清水将其浸湿；最后把浸泡过的种子晾干后放在育苗盘中，维持温度在 28~30℃，经过 3~5 天的时间，等到种子发芽后再进行播种。

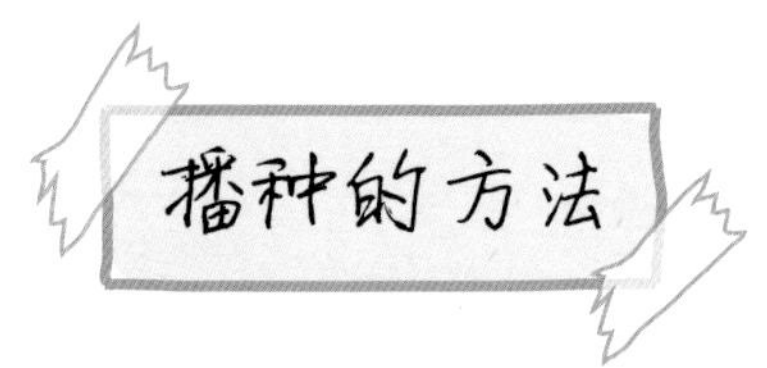

播种的方法

播种法是蔬菜栽培的常用方法之一，适合采用播种法的蔬菜主要有毛豆、扁豆、小白菜、菠菜、草莓、花椰菜、乌塌菜、萝卜、胡萝卜、洋葱、花菜、小松菜、芝麻菜、甜菜、小芜菁等。

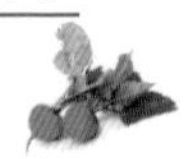

播种法还可以细分为三类，分别是条播、点播和撒播。

条播

条播是播种的一种方法，就是用木板或小铲子的柄部在土壤表面压出一行行浅浅的播种沟，行与行之间保持一定距离，且在行和行之间留有隆起，然后将种子均匀地撒在浅沟里。这种方法主要适用于葱、蒜、小青菜等小型蔬菜。

条播

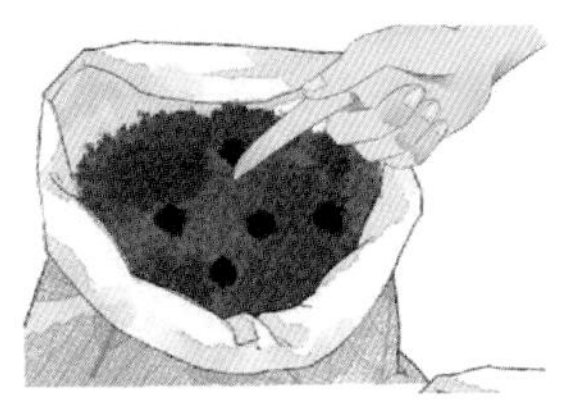

点播

撒播

点播

点播就是用瓶盖或者是手指在土壤中挖出浅浅的播种穴，穴与穴之间保持均匀的距离，然后将在每个播种穴里撒上几粒种子，随即进行覆土或覆盖的播种方法，这种方法适用于豆类、花生等蔬菜。

撒播

撒播就是将种子均匀地播撒在土壤上的一种播种方式，主要适用于体积较小、发芽率不是特别高的蔬菜种子。

小贴士：

播种时，大种子要埋得深一些，小种子埋得浅一些；天气暖和时，要埋得深一些，天气寒冷时，埋得浅一些。此外，种子需要潮湿的环境才能发芽，所以要注意多浇水，不要让表土变干。

育苗法

育苗法也是蔬菜栽培的一种主要方法，适合采用育苗法的蔬菜主要有圣女果、茄子、黄瓜、青椒、苦瓜、土豆、黄秋葵、罗勒、辣椒、紫苏、王菜、明日叶、西兰花、迷你卷心菜、京水菜、抱子甘蓝等。

育苗法的操作步骤

洗涤液壶、剪刀、小刀、记号笔

栽培蔬菜除了可以通过播种，还可以用育苗法。

选择健康、长势良好的蔬菜幼苗品种。

将铁丝网垫在容器的底部，然后向容器中倒入培养土。

3 将幼苗从种植杯中取出，注意不要破坏土球，并对根部进行适当地清理。

4 将植物的幼苗栽入盆土中央，并继续向盆土表面添加适量的培养土，使盆土的高度与植物根部土球的上表面平行。

5 用手掌轻轻按压盆土表面，目的是为了让盆土与植物根部的土球紧密接触，使植物生长稳固。

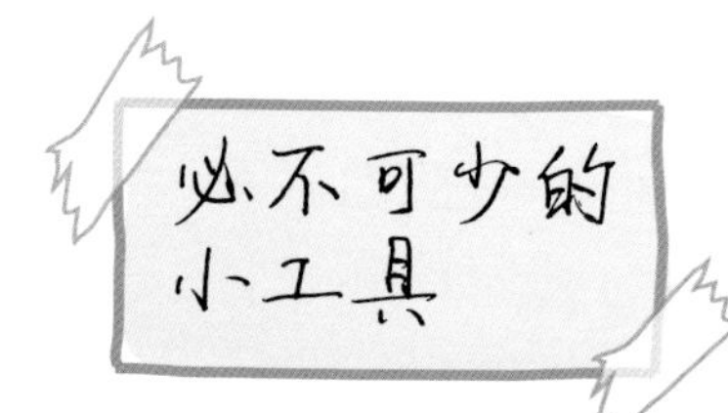

在阳台种菜的过程中，不能所有的事情都靠双手来解决，而是需要用到各种各样的工具，下面就列举出不可或缺的一些工具。

这些工具可以让你事半功倍。

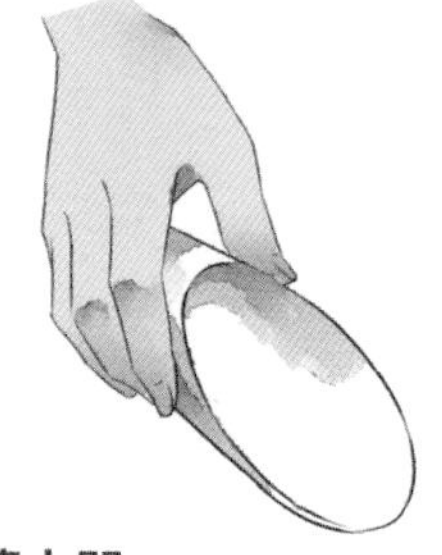

填土器

用来将颗粒土和培养土倒入容器中的工具。

包胶铁丝

用来将植物的茎绑在支架上的工具。

剪刀

一种用来修剪幼苗、根部，以及剪断包胶铁丝的工具。

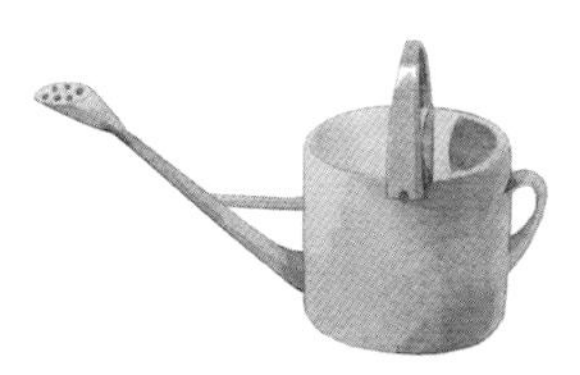

洒水壶

用来给植物或盆土浇水的工具，常用的还有喷壶。

支架

插入盆土中，用来帮助植物稳固生长的工具。

小铲子

主要用于填土、混土、挖取植物和移植等工作。

第二章

阳台种菜的日常养护要点

浇水的时机和方法

水是生命的源泉，对于人、动物和植物来说，都是非常重要的，阳台种菜当然也少不了浇水这一环节。

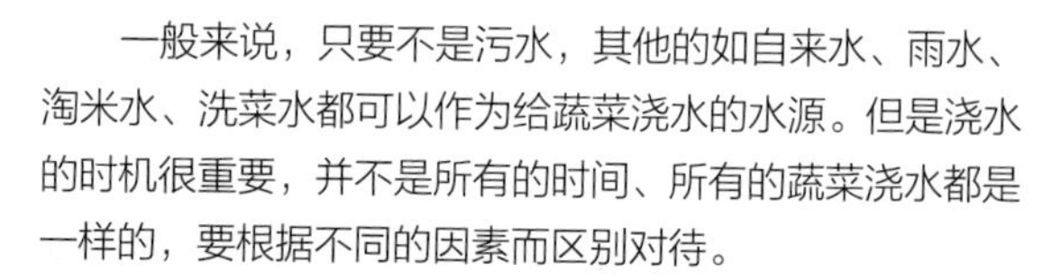

在阳台种菜的过程中，给蔬菜浇水是必须的。

一般来说，只要不是污水，其他的如自来水、雨水、淘米水、洗菜水都可以作为给蔬菜浇水的水源。但是浇水的时机很重要，并不是所有的时间、所有的蔬菜浇水都是一样的，要根据不同的因素而区别对待。

浇水可以用洒水壶

耗水量较多的黄瓜品种

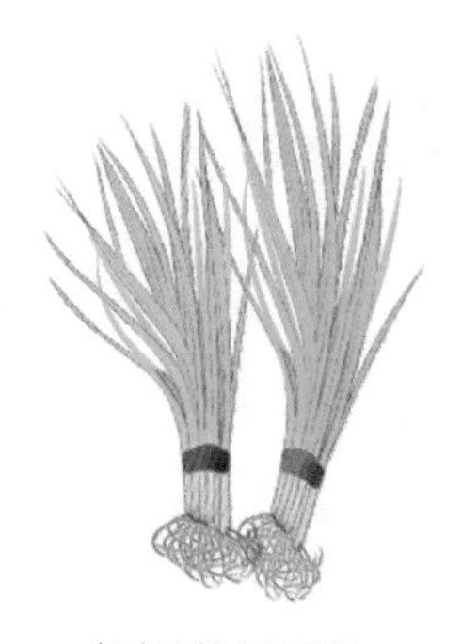

耗水量较少的葱类

小贴士：

浇水时间也有区别，在春秋时节，大盆蔬菜 2~3 天浇一次透水；小盆蔬菜 1~2 天就要浇一次透水。

盛夏时节，盆土失水快，因而要每天观察盆土干湿情况，天天浇水。

不同蔬菜品种的浇水

不同品种的蔬菜对于水分的需求不同。对于耗水量比较多的蔬菜，如黄瓜、甘蓝、白菜等，在栽培的时候要注意避免干旱；对于耗水量比较小的蔬菜，如葱类等，这类蔬菜比较耐旱，吸收水分的能力比较弱，要注意每次浇水量不能太多。

不同的生长阶段

蔬菜种植，一般会经历苗期、定植期、生长期三个阶段，不同阶段所需水分是不同的。苗期的时候需要的水量比较小，浇水要掌握轻浇和勤浇，要保证苗床的湿润，但是不可过量。随着幼苗的长大，叶面积不断地扩大，水分的需求量也随之增加。

在定植期，需要经常浇水，保证水分充足，以促进其茁壮成长。

进入生长期的时候，需要的水量是最多的，可以隔几天浇一次水，但浇水要充足。

不同的天气

在不同的天气情况下，浇水的方法也是不同的。一般来说，在气温比较低的冬季，蔬菜的蒸腾量比较少，因此浇水量也较少，而且要在早上或者是气温回升的时候浇水。

夏天阳光比较强，太阳的直射时间比较长，蔬菜的水分蒸发比较多，因此应该多浇一些水，雨天可以少浇。需要注意的是，夏季浇水要避免在高温的正午，可以在黄昏大量浇淋，以帮助植物散热。

> 小贴士：
> 放在通风良好或者是阳光充足处的蔬菜，所需要的浇水量是比较多的；而对于室内栽植的蔬菜就不要太常浇水，避免烂根。

阳台种菜施肥要点

蔬菜在生长期间，总是离不开肥料的营养供给。并且植物生长不同期间，所需要营养也是不同的。如果植物在生长过程中缺少了某种肥料，就会出现相应的症状，我们可以通过植物表现出的症状，来判断蔬菜究竟缺少了哪种肥料。

肥料是蔬菜的营养来源之一，栽培过程中应合理施肥。

如果蔬菜的叶色不够浓绿，呈现淡绿色或黄色，开始只发生在老叶上，之后慢慢扩展到所有的叶片，最后茎也出现这样的症状，这通常是植物缺乏氮肥的表现。

如果蔬菜生长缓慢，叶片开始褪色或长出病斑，茎节拉长，迟迟不结果实或者果实很难成熟，这些病症通常暗示着植物缺少磷肥了。

如果蔬菜的基部出现灰绿色的叶片，之后又变为青铜色和黄褐色，叶缘变为褐色，叶脉上长出斑点，并且茎节变长、变硬，这些都说明你的蔬菜需要钾肥了。

如果蔬菜生长缓慢，形成粗大的富含木质的茎，这时候往往需要给植物增施钙肥。

需要施肥的蔬菜

如果你不希望自己所栽培的蔬菜出现上述的病症，就要防患于未然，在日常管理中做好施肥的工作，下面就为大家介绍阳台种菜施肥的要点。

不同天气的施肥

在温度较高的夏季，肥料的分解比较快，因此，夏天的施肥应该采取少量多施的原则。

在气温较低的冬季，植物生长缓慢，大多数蔬菜种类处于生长停滞状态，一般不施肥或少施肥。

春、秋季正值蔬菜生长旺期，根、茎、叶增长，花芽分化，幼果膨胀，均需要较多肥料，应适当多些追肥。此外，在晴天的时候应该多施肥，雨天的时候应该要少施肥。

小贴士：

有些肥料具有刺激性，对皮肤伤害比较大，在施肥时，最好能带上手套，保护手部皮肤。

颗粒肥要在蔬菜周边挖个小洞埋上

戴上手套施肥

不同种类蔬菜的施肥

豆类的蔬菜对氮肥的需求量较少，而需要较多的磷肥。

根菜类蔬菜对钾肥的需求量较多，叶菜类蔬菜对氮肥的需求量比较多。

果类蔬菜除了需要充足的氮肥以外，还需要搭配磷肥、钾肥等其他不同的肥料来共同使用。

小贴士：

在施肥时，营养液直接浇灌在叶片和盆土上，如果是颗粒肥料，则要在蔬菜周边的土壤上挖出小洞埋上，洞的距离不可太近或太远，以在10~15厘米为最佳。

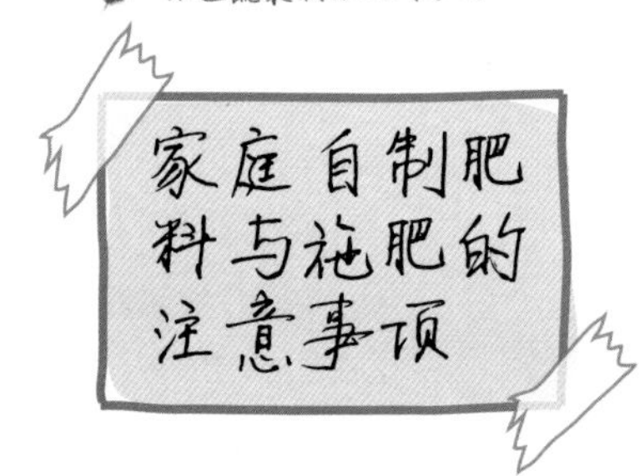

肥料不一定要去外面购买，家庭中就有很多你意想不到的材料都可以用来给蔬菜施肥，下面就让我们来一一揭晓吧。

淘米水

淘米水是家庭中比较常用的肥料之一，淘米水是偏酸性的水，可以作为一种有机肥料来给蔬菜施肥，但不能将淘米水直接浇灌到蔬菜上，否则会破坏土壤的结构，影响蔬菜的生长。

正确的做法是先将淘米水放在一个坛子内，密封发酵一段时间，然后用水稀释后浇灌蔬菜，但注意不要浇在蔬菜的叶片上，最好是慢慢浇在盆土上。

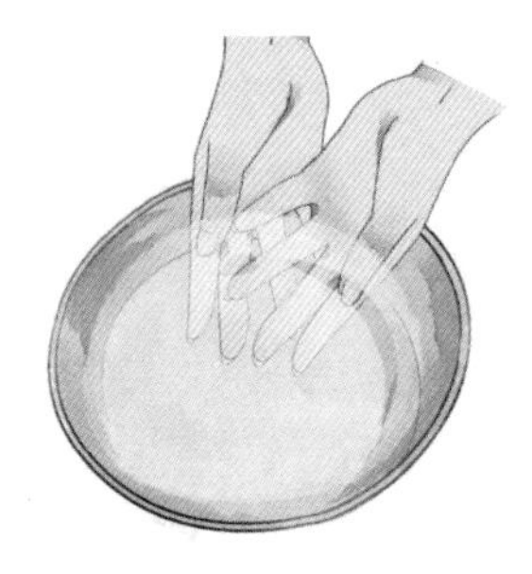

淘米水

啤酒

啤酒不仅仅只是作为酒精类的饮品，还可以用来给蔬菜施肥哦。

这是因为啤酒中含有大量的二氧化碳，二氧化碳是各种植物进行新陈代谢不可缺少的物质。此外，啤酒中还含有糖、蛋白质、氨基酸和磷酸盐等营养物质，对植物的生长有益。

用啤酒施肥时，将啤酒和清水按 1:50 的比例均匀混合后再使用，可使植物生长旺盛，叶绿花艳。

啤酒

自制氮肥

将生活中不用的豆饼、紫菜饼、酱渣等材料煮烂后，放入一个坛子内，再加入适量的水，湿度保持在 65% 左右，密封沤肥一周以后就可以成为很好的氮肥。

自制磷肥

将平时吃完饭剩下的羊角、猪蹄、骨头、鱼肠肚、肉骨头、鱼鳞、虾壳、猪脚等材料放入桶内，然后再加入适量的清水，湿度保持在 65% 左右，经过一段时间的腐熟以后就是很好的磷肥，用适量清水稀释后即可用它给蔬菜施肥。

自制钾肥

生活中喝剩下的茶水，或者是洗牛奶瓶的水等，这些都是含有非常丰富的钾的肥料，可以直接给蔬菜使用。

自制钙肥

用牛奶和糖醋来给蔬菜施肥，不仅能够充分补充钙等营养元素，避免了肥效单一，同时还可以改善蔬菜的口味。

自制复合肥

将猪排骨、羊排骨、牛排骨等吃完剩下骨头装入高压锅，上火蒸 30 分钟后，捣碎成粉末。按 1 份骨头屑 3 份河沙的比例拌匀，做种菜基肥，垫在花盆底部 3 厘米，上垫一层土，然后栽植蔬菜。这种骨头屑是氮磷钾含量充分的完全复合肥，有利蔬菜生长、开花、结果。

喝剩的茶水

牛奶

将骨头装入高压锅中蒸

小贴士：

向大家介绍一下阳台种菜时施肥的注意事项，从而避免发生错误或走进误区。

1. 施用有机肥料，一定要经过充分腐熟，不可用生肥。

2. 种植蔬菜时，盆底施基肥，不可将根直接放在肥上，而要在肥上加上一层土，然后再将蔬菜栽入盆中。

3. 在蔬菜的生长前期要少浇营养液，结果期可以适当多浇。

4. 虽然不同蔬菜对水分和肥料的要求不同，但基本上每天浇灌一次营养液是比较适当的。如果是叶菜，可以一天浇两次营养液。

蔬菜的病虫害诊断

阳台种菜的过程中很难做到尽善尽美，往往会遇到很多的问题，病虫害就是一个让人头疼的麻烦，眼看着种出来的新鲜的蔬菜受到病虫的侵袭，怎么能不让人着急。

当你的蔬菜受到病虫害的侵袭时，要了解发病的原因。

现在就让我们来看看阳台种菜时经常会碰到的一些病虫害。

病症一：马铃薯、洋葱、蒜等块根类的蔬菜，其块状果实被蛀食和腐烂。

诊断结果：很大的可能是蔬菜受到了鼻虫、根螨等虫类的侵害。

病症二：菜苗上部枯萎死亡，挖出土壤后，发现蔬菜根部受到损害。

诊断结果：多为地下害虫所为，如蝼蛄、根螨、根线虫等。

病症三：发现菜株上或周围有新鲜的害虫粪便且菜株上有新鲜的虫口。

诊断结果：说明蔬菜的内部受到了虫害的侵袭，多为蛾类害虫和幼虫。

病症四：甜椒或辣椒的植物叶片缩小并变厚。

诊断结果：一般是螨类害虫造成的结果。

蟋蟀　　蚜虫　　叶蝇

病症五：蔬菜的表面发现蜜露状的排泄物，并且菜叶上出现黑色斑点。

诊断结果：通常是受到了蚜虫等吸汁排液性的害虫的侵害，分泌蜜露而发煤病。

病症六：蔬菜的叶片或者根部被咬断，或者有切断的痕迹。

诊断结果：多为蟋蟀或叶蛾等害虫咬食蔬菜的结果。

病症七：蔬菜的叶片上有线状条纹或灰白、灰黄色斑点。

诊断结果：很可能是受到了叶蝇或椿象等刺吸式口器害虫的侵害。

病症八：蔬菜的叶片有被咬食的现象，形成缺刻或小洞。

诊断结果：一般是咀嚼式口器的鳞翅目幼虫和鞘翅目害虫所造成的。

病虫害的防治

要想杜绝病虫害并非易事，但学会防治可以有效地减少危害。

我们当然不希望自己的蔬菜受到病虫害的“光顾”，那么就要求我们防患于未然，做好准备工作，从而减少病虫害发生的概率。但如果你的蔬菜还是未能幸免，别急，下面也将给出解决的办法。

可以驱赶蚊虫的迷迭香

病虫害的预防

1. 首先应选择当季适合栽植的蔬菜，因为适合的蔬菜比其他蔬菜更不容易招来病虫，最好选择抗病能力比较强的品种，这样就做好了预防病虫害的第一步。此外，一些具有强烈气味的辛香类、香草植物或野菜类，都能起到驱赶害虫的作用，可以在阳台上适当地种一些这样的植物。

2. 在养护过程中，要保持通风良好的环境，特别是栽种蔓藤类的瓜果或豆类作物，如果出现过度拥挤的情况，要适时地进行修剪。

病虫害的防治

1. 取大蒜、洋葱各20克混合后捣烂，用纱布包好，放入清水中浸泡24小时，然后取出纱包，浸泡出的药液可有效防治甲壳虫、蚜虫、红蜘蛛等害虫。

2. 取新鲜辣椒50克，加2000毫升清水，煮半小时后，取滤液喷洒数次，可有效防治蚜虫、地老虎、红蜘蛛等害虫。

3. 用洗衣粉、尿素、水按1:4:400的比例配制成水剂，喷洒在蔬菜上，能够有效地防治菜蚜，对于已经患有虫害的植株，也能起到杀虫的作用。

4. 将南瓜叶加少量水捣烂，榨取原液，将原液与清水按2:3的比例混合，再加少量皂液，搅匀后喷雾，能起到很好的预防蚜虫的作用。

5. 将鲜丝瓜捣烂，加20倍水搅拌，取其滤液喷雾，用来防治菜青虫、红蜘蛛、蚜虫及菜螟等害虫效果很好。

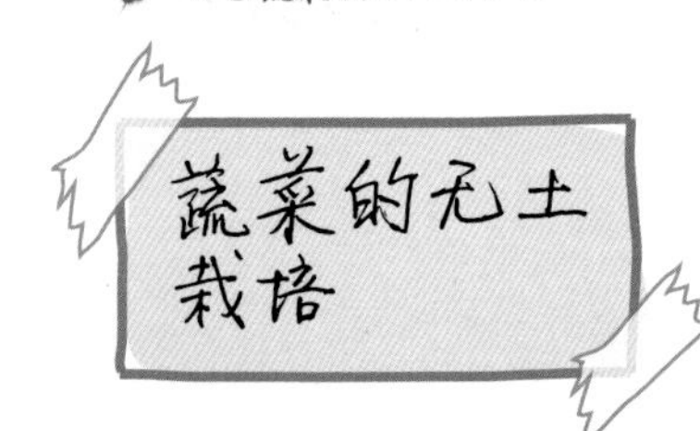

蔬菜的无土栽培

无土栽培是指不用土壤栽培蔬菜，而是直接采用基质和营养液栽培蔬菜的技术。无土栽培技术在大棚蔬菜种植中得到广泛应用。

蔬菜除了可以栽培在土壤中，还可以进行无土栽培。

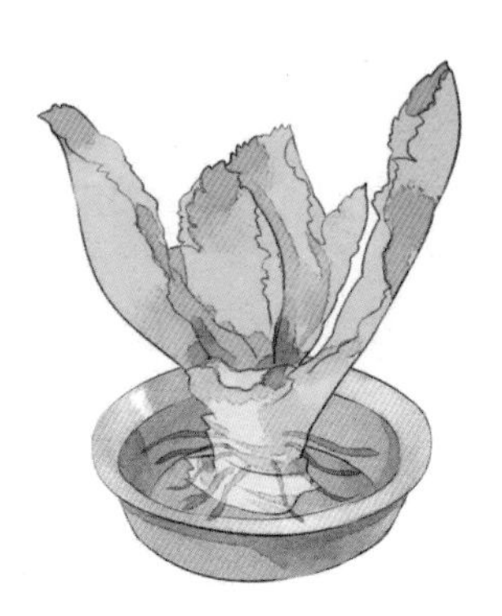

蔬菜的无土栽培

小贴士：

无土栽培的日常管理中，蔬菜对光照、温度等条件与传统土壤栽培一样，要注意的就是蔬菜的浇灌问题。蔬菜生长期每周浇一次营养液，用量根据植物的大小和品种而定，叶片生长速度慢的蔬菜用量可以降低。冬季温度低和蔬菜的休眠期可以每半个月到一个月浇一次营养液。

无土栽培的优点

无土栽培作为一种新兴的栽培蔬菜方式，相较于传统的土壤栽培方式，具有很多优点，如无土栽培能让栽培的环境更加整洁、空间面积得到最大程度的利用、蔬菜的产量比传统栽培高，同时无土栽培更容易管理，节省管理者时间和精力。

无土栽培的营养液

无土栽培，施肥是最简单也是栽培成功的重要关键点。

无土栽培只要定期浇灌营养液即可，其营养液配置主要有氮、磷、钾、钙、镁、硫等大量元素，和铁、锰、锌、铜和钼等微量元素，具体的营养液成分要根据蔬菜所需不同而定。

营养液的配方虽然有不同植物专用的，但是也有一些植物通用的，在农贸市场可以买到，这样又能节省管理者采购的时间。

营养液是浇灌的关键，而浇灌的时间也是很重要的。一般标准营养液的浇灌原则是在晴天浇、阴雨天不浇，生长期前浇、结果期多浇。

营养液可以循环使用，一般每隔半个多月要彻底更换一次营养液。

无土栽培只要定期给蔬菜浇灌营养液即可，但家庭阳台上如要用无土栽培种植蔬菜，则需要按照以下步骤来栽培蔬菜。

脱盆　洗根

浸液　装盆、灌液、加固根系

1. 脱盆：首先需要配置蔬菜的营养液，到农贸市场购买无土栽培的营养液，然后按照营养液说明书将营养液兑水稀释备用。然后将蔬菜从旧盆中连根系一起取出。

2. 洗根：将脱盆出来的蔬菜根系部分用和周围环境温度相近的水浸泡，然后将根系泥土洗干净。

3. 浸液：洗干净的根系放到配置好的营养液中浸泡十分钟，让蔬菜的根系充分吸收养分。

4. 装盆：将无土栽培的盆洗干净，盆底如果有孔，要防止瓦片或塞上塑料纱，然后在盆内放入珍珠岩、蛭石。再将蔬菜放入盆中扶正，在根系周围装满珍珠岩、蛭石等颗粒较小的矿石。最后轻轻摇晃花盆，使矿石和蔬菜根系紧密结合。

5. 灌液：将配置好的营养液倒入盆中，直到盆底有液体流出为止。

6. 加固蔬菜根系：为了防止蔬菜倒伏，可以再用英石等碎块加盖在根系上，加固根系，然后向叶面喷洒清水即可。

瓜苗的搭架

对于一些瓜果类的蔬菜，其瓜苗可以长得很长，如果没有一个引导，就会贴在地面上生长，一来很占空间，二来也不利于植物的生长，三来如果风较大时，植物的茎蔓就会被吹得很乱，所以对黄瓜、苦瓜、番茄、茄子等蔬菜，在适合的时间进行搭架是非常重要的。

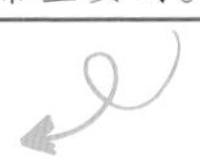

瓜果类的蔬菜在栽培过程中需要进行搭架的工作。

搭架的方式主要有三种，分别为搭三脚架、立支架和引蔓上防盗网。

搭架

搭三脚架

搭三脚架主要适用于黄瓜、苦瓜和四季豆一类不是很重，而且一个容器中通常多株的蔬菜。

虽然名字叫三脚架，但是支架的个数可以是三个，也可以是四个。由于支架的高度较高，插在盆土中不是很稳固，因此要在支架上固定几个圆圈，可以用铁丝、麻绳或者竹篾等材料，最后将蔬菜的茎蔓牵引到支架上即可。

立支架

立支架主要适用于番茄、茄子、辣椒等果实较小的蔬菜。通常只需要在盆土中插一根支架就可以了，支架的长度不要很长，最后将植物的茎蔓绑定在支架上即可。

小贴士：

架子可以用木棍子，也可以在淘宝上直接购买塑料园艺支架，方便且实用。

引蔓上防盗网

引蔓上防盗网这种方法主要适用于南瓜、冬瓜等大型的蔬菜。仅靠几根支架无法支撑和固定住植物的果实，因此要将植物的瓜蔓引到防盗网上，一般直接用一竹片牵引上去则可。

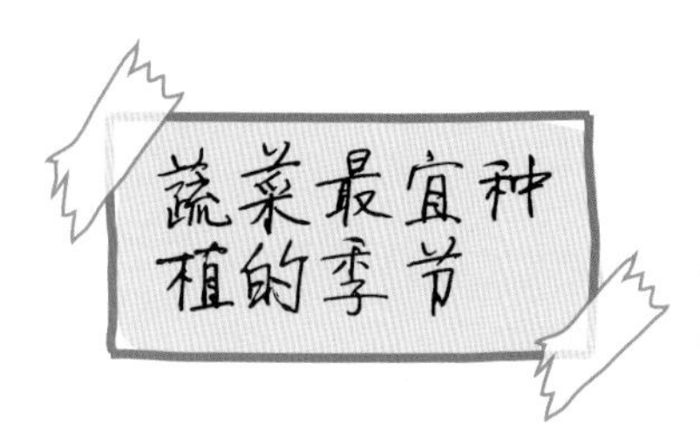

蔬菜最宜种植的季节

一年之中有四个季节，不同的季节有着不同的气候条件，蔬菜的品种成百上千，不同蔬菜的生长习性各有不同。

不同的生长特性决定了不同的蔬菜在不同的季节栽植，效果也是不同的。如果种植的是不合时宜的蔬菜，那么无论是蔬菜的产量和质量都得不到保证，因此，在这里我们特别为大家总结归纳了一年四季最适合种植的蔬菜品种，以供参考。

适合春秋季种植的白菜

适合夏天种植的胡萝卜

适合冬天种植的萝卜

小贴士：

蔬菜最适宜的种植季节只是相对而言的，如果你能够创造出足够适宜的环境，那么你在任何时候都能够栽培自己喜欢的蔬菜。

春季：春季是万物复苏的季节，气候适宜，很适合种植蔬菜。春季可以种植菠菜、四季豆、番茄、丝瓜、冬瓜、南瓜、苦瓜、朝天椒、葱、豇豆、毛豆、空心菜、苋菜、萝卜等。

夏季：夏季气候炎热，适合种植一些耐热、耐旱的蔬菜，如黄瓜、芹菜、油麦菜、花椰菜、豌豆、大蒜、胡萝卜等。

秋季：秋季气候转凉，也是一个适合栽种的季节。可以栽种如甘蓝、白菜、茼蒿、青花菜、香菜、莴苣等。

冬季：冬季因为气候较为寒冷，可以栽种一些耐寒的蔬菜，如生菜、四季曼、芋头、马铃薯等。

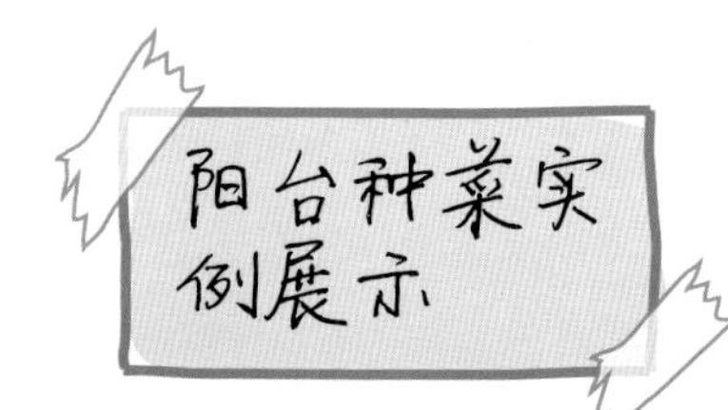

每个人家中的阳台都是不同的，有的空间大，有的空间小，但是这些都不会影响我们在阳台上种出各种蔬菜，不信你看下面，各种阳台有各种种菜的方式，而且都很好看呢。

各式各样的阳台种菜实例，总有一款适合你。

将蔬菜环绕种植在阳台的三面，让自己身处于一片自然宁静的祥和氛围中，是放松身心的一大法宝。

对于空间足够的天台就方便多了，只要将蔬菜整齐地摆放在一起就可以了，但雨天和暴晒的天气要注意保护措施。

对于空间有限的阳台，可以借助工具将蔬菜种植在不同的高度上，例如上图就借助了梯子，实现了空间的最大利用。

蔬菜是我们日常生活中必不可少的食材，蔬菜中含有丰富的营养价值也是众人皆知的，下面就将蔬菜按照不同的种类，归纳其营养价值和功效。

叶菜类

叶菜类的蔬菜主要有菠菜、生菜、青菜、白菜、油菜、荠菜、韭菜等，这类蔬菜中的无机盐和维生素含量很高，其中以绿色叶菜最为显著。绿叶菜含有较多的钙、磷、钾、镁及微量元素铁、铜、锰等，且其中的钙、磷、铁被人体吸收和利用的效果较好，食用这类蔬菜是人体钙和铁的一个重要来源。

叶菜代表：菠菜中含有丰富的营养物质，有较多的蛋白质、无机盐和各种维生素。其中维生素 A 和维生素 C 的含量也很高。此外，菠菜中还含有糖、脂肪、氟、芳香甙及微量元素等，这些物质对改善人体新陈代谢功能有良好的效果。菠菜性凉味甘，入肺、肠、胃经，具有养血、止血、敛阴润燥、通利肠胃、健脾和中、止渴、解酒毒和热毒等功效。

叶菜类

根茎类

瓜果类

根茎类

根茎类蔬菜主要有马铃薯、洋葱、萝卜、胡萝卜等，这类蔬菜的淀粉含量较多，能给人体提供充足的热量，而蛋白质、无机盐和维生素的含量则相对较低，但带有红黄颜色的胡萝卜、红薯等是胡萝卜素的良好来源。

根茎类蔬菜代表：土豆中所含的营养成分比较全面，富含碳水化合物，营养价值较高。土豆还含有多种维生素，如胡萝卜素、硫胺素、核黄素、维生素 C 等，也含有粗纤维和钙、磷、铁、钾、镁等较多的矿物质，特别是富含钾和镁。土豆性平味甘，具有和胃调中、益气健脾、强身益肾、消炎、活血消肿等功效。

瓜果类

瓜果类蔬菜的营养价值比较低，大部分是夏秋季节上市的，在绿叶菜较少的季节，是提供无机盐与维生素的来源。

瓜果类蔬菜代表：茄子，主要成分是糖分，钙、镁的含量较多。茄子性凉味甘，无毒，入大肠、脾、胃经，具有活血散淤、清热解毒、止血止痛等功效。

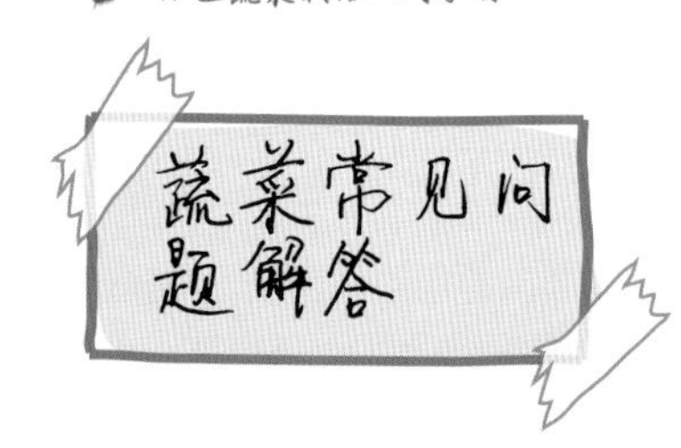

蔬菜常见问题解答

关于蔬菜的一些常见的问题，在这里为大家进行解答。

Q：哪些蔬菜可以吃皮，哪些蔬菜不可以吃皮？

A：能够吃皮的蔬菜主要有茄子、黄瓜、萝卜等。茄子皮保护心血管，大量营养物质蕴藏在茄子皮中。黄瓜皮能排毒，黄瓜皮中含较多的苦味素，是黄瓜的营养精华所在。萝卜皮能保护皮肤，富含萝卜硫素，可提交人体免疫机制。不能吃皮的蔬菜主要有土豆等，皮含碱多，食用过多会引起胃肠不适。

Q：儿童适合食用哪些蔬菜？

A：儿童适合食用含有丰富的维生素和纤维素，而且还含有钙、磷、铁等多种矿物质的蔬菜，如白菜、萝卜、莴苣、芹菜、洋葱、大蒜、胡萝卜、雪里蕻、荠菜、小白菜、香椿、萝卜叶、绿苋菜、豌豆苗、油菜苔薹、芫荽、扁豆、毛豆等。

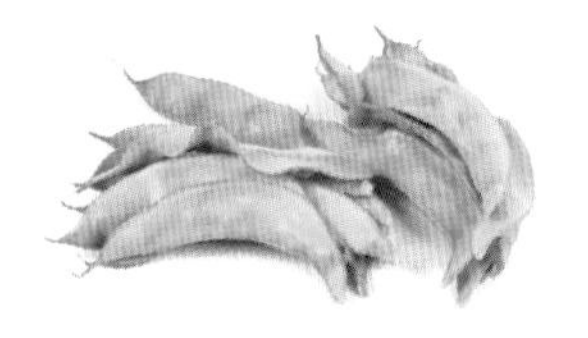

Q：哪些蔬菜不宜生食？

A：不可直接生食的蔬菜主要有西兰花、花菜等蔬菜，这些蔬菜中含有大量的草酸，如果直接食用会与人体的胃酸发生反应，生成难溶的草酸钙，对人体健康不利。

Q：蔬菜食用有哪些禁忌？

A：茄子性凉滑，脾胃虚寒不宜多吃，妇女经期前后也要尽量少吃。茄子含有诱发过敏的成分，多吃会使人神经不安定，过敏体质者要避开勿吃。

菠菜含有较多的草酸，不宜与豆腐、黑芝麻、优酪乳等含钙较高的食物同食，否则容易形成结石。

白萝卜生性寒凉，脾胃虚寒、胃及十二指肠溃疡、慢性胃炎、单纯甲状腺肿等患者均不宜多食。

发芽与绿皮的马铃薯不能食用，因为发芽和表皮变绿的马铃薯中含有大量的龙葵素，吃了以后会引发恶心、呕吐、腹泻甚至昏迷，孕妇吃到则可能会流产。

第三章
传统型蔬菜的
栽种方法

小松菜

十字花科芸薹属

小松菜又名小油菜，原产于中国，是白菜亚种普通白菜的一个变种，为十字花科芸薹属一年生草本植物。叶片颜色深绿，菜帮颜色为白绿色。叶片呈圆形或卵形，叶子细嫩。小松菜既可炒食，也可做汤或腌制食用，吃起来口感清脆爽口。

主要品种

栽培时建议选择长势茁壮、养护难度比较低的品种，例如“极乐天”。

食用价值

小松菜是高钙且富含维生素 A、维生素 B、维生素 C 的蔬菜，还有抗癌、治疗牙痛、贫血的药用功效。

准备材料

容器、种子、颗粒石、培养土、喷壶、剪刀、镊子、小铲子。

小贴士：

小松菜耐热、耐寒，适合生长在有机质含量高、土壤肥沃、土层深厚、水源条件好的壤土中。此外，小松菜较为容易吸引虫子，所以可在花盆上罩上纱布以防虫害。

最佳播种时间

小松菜的播种时间以春季和秋季最为合适。

种植步骤

1 准备好容器和种子，先在容器的底部放一些颗粒石铺底，再倒入培养土，培养土中宜含有一定的基肥。

2 小松菜建议采用撒播的方法播种，而不用条播，撒播时将种子均匀地洒在盆土表面，避免重叠。

3 播种后，在种子的上方，再均匀地撒一层培养土。

4 撒过培养土后，先用手掌轻轻地按压盆土的表面，目的是为了使种子与培养土紧密地结合在一起，按压后，再用喷壶对盆土慢慢地进行喷水。

小贴士：

在给小松菜菜苗浇水时，应见干见湿，等到盆土快干透时进行，判断的方法可以将手指轻轻地插入土壤中来感觉其干湿程度。

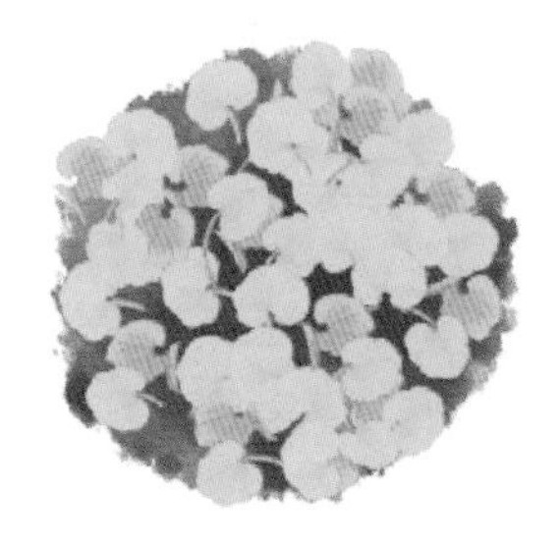

5 小松菜播种后大约一周就会发芽，长出叶片后进行间苗，保留幼小且茁壮的苗，拔掉 5 厘米以上的。

6 间苗后，要在剩下的菜苗根部周围填充培养土，从而保证菜苗能够稳固地生长，培养土中要混入适量的追肥。

7 小松菜一般播种后 30~50 天即可收获，也可以以植株高度达到 20~25 厘米为收获的标准，收获时可用剪刀直接将植物从根部剪断。

8 收获时也可以拔出整棵植株，一般从最大的植株开始，间苗与收获同时进行，不要等到植物老了才收获，通常一盆中可以获得 10 株左右的小松菜。

芝麻菜又称臭菜、芸薹、飘儿菜，是十字花科芝麻菜属一年生草本植物。叶片为翠绿色，茎呈白绿色。叶片的形状多为圆形或卵形，并带有细齿。叶片较薄，入口柔软，带有淡淡的芝麻味。

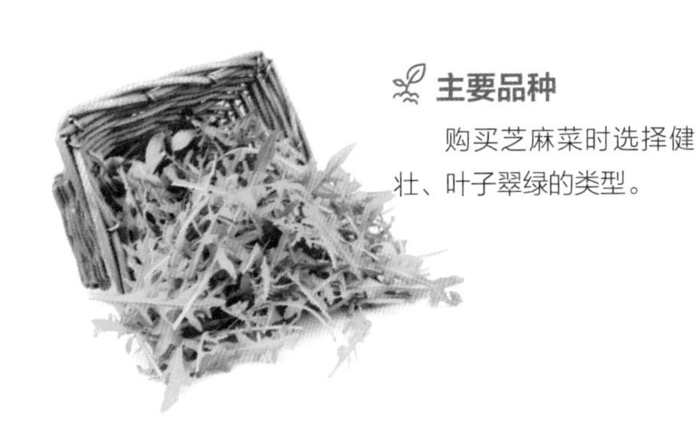

主要品种

购买芝麻菜时选择健壮、叶子翠绿的类型。

食用价值

芝麻菜为药食兼用的植物，经常食用具有较强的防癌效果，也有降肺气、治久咳、利尿等作用。种子可药用，具有催吐健胃、利尿消炎的作用。

最佳播种时间

芝麻菜的最佳播种时期在4月或9月。

小贴士：

芝麻菜喜冷凉环境，既不耐寒，又不耐热，生长适宜温度为15~20℃，种子较耐低温，在4℃时即可发芽。发芽适温18~22℃，高于30℃时几乎不发芽。

准备材料

容器、种子、颗粒石、培养土、喷壶、报纸、剪刀、镊子、小铲子。

种植步骤

1 准备好容器和种子，先在容器的底部铺一层颗粒石，再倒入含有基肥的培养土，然后将芝麻菜的种子均匀地播撒在盆土表面。

2 播种后，继续用含有基肥的培养土撒在表面，厚度以3~5毫米为宜。

3 最后用手掌轻轻按压，使芝麻菜种子与培养土紧密结合在一起。

4 取一张干净的旧报纸，裁剪成盆口的大小，铺在盆土表面，然后用喷壶将报纸喷湿，使水分经过报纸，缓慢而均匀地渗透进盆土中。

小贴士：

播种后将花盆放置阴凉处直至发芽。如果此时的温度比种子发芽所需的温度低，可用塑料薄膜将花盆盖上，并放置光照充足的地方。

5 芝麻菜播种后约一周的时间发芽，长出叶片后开始间苗，维持菜苗的间距在 4~5 厘米之间。

6 每次间苗后都要在留下的菜苗之间和根部周围填充新的培养土，并施追肥，直到收获为止。

7 第二次间苗后采下的芝麻菜叶片就可以食用了，比如做成蔬菜沙拉等。

8 芝麻菜一般在播种后 40 天左右收获，可以一边间苗一边收获，收获时先从外围的叶片开始采摘，每次摘取够食用的量就可以了。

9 采用这样的收获方式能够使内侧的叶片继续生长，并且延长了收获的时期。

甜菜

藜科甜菜属

甜菜又名菾菜，为菾科甜菜属二年生草本植物。根圆锥状至纺锤状，直立的茎多有分枝。叶片长圆形、心形或舌形，上表面皱缩不平，略有光泽；下表面有粗壮凸出的叶脉，全缘或略呈波状。

主要品种

甜菜的品种有很多，如甘糖二号、甜研八号、双丰 14 号等。甜菜还有饲料甜菜、叶用甜菜和食用甜菜之分，饲料甜菜可以用来养牛、猪，叶用甜菜为厚皮菜，可以食用、药用和当饲料用，而本案例的为食用甜菜。

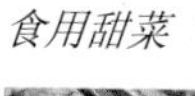

食用甜菜

食用价值

甜菜很容易消化，有助于提高食欲，还能缓解头痛，甜菜还有预防感冒和贫血的作用。

最佳播种时间

甜菜的播种时间以春季和秋季最为合适。

准备材料

容器、种子、颗粒石、培养土、喷壶、剪刀、镊子、小铲子。

> 小贴士：
>
> 甜菜在富含有机质的松软土壤上生长良好，对强酸性土壤敏感，喜温暖，但耐寒性较强，生育期要求温度至少在10℃以上。

种植步骤

1 甜菜的种子形状独特，播种时建议选择撒播而不用条播。

2 在容器的底部先铺一层颗粒石，再倒入含有基肥的培养土，撒播时将种子均匀地洒在盆土表面，避免重叠。

3 播种后，在种子的上方，再均匀地撒一层培养土，厚度在3~5毫米。

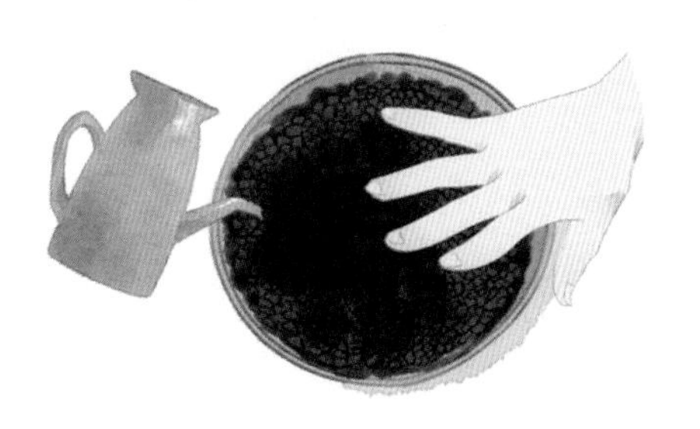

4 用手掌轻轻地按压盆土的表面，目的是为了使种子与培养土紧密地结合在一起，按压后，再用喷壶对盆土慢慢地进行喷水。

小贴士：

在给小松菜菜苗浇水时，应见干见湿，等到盆土快干透时进行，判断的方法可以将手指轻轻地插入土壤中来感觉其干湿程度。

5 甜菜播种后大约两周就会发芽，长出叶片后进行间苗，保留幼小且茁壮的苗，维持株距在 3~5 厘米。

间苗后，要在剩下的菜苗根部周围填充培养土，从而保证菜苗能够稳固地生长，并加入适量的追肥。

甜菜收获前一个月要减少浇水，否则含糖率将显著降低。在弱光条件下，块根生长缓慢。日照时数不足会使块根中的全氮、有害氮及灰分含量增加，降低甜菜的纯度和含糖率。

8 收获可以与间苗同时进行，先从外围的植物开始收获，每次摘取几片即可，这样能够实现长期收获。

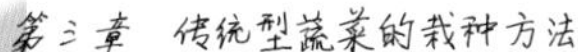

小芜菁

十字花科芸薹属

小芜菁又名蔓菁、诸葛菜、圆菜头、圆根、盘菜，为十字花科芸薹属二年生草本植物。植物外形酷似萝卜，块根肉质呈白色或黄色，扁圆形或长椭圆形，须根多生于块根下的直根上。茎直立，上部有分枝，基生叶绿色，羽状深裂。

主要品种

可选择夏时小芜、小芜1号等品种。

食用价值

小芜菁中含有大量的维生素A、B、C及多种糖类、氨基酸、钙、铁、磷等矿物质，是一种理想的营养食品。

最佳播种时间

小芜菁的最佳播种时期在春、秋季节。

小贴士：

小芜菁性喜冷凉的环境，不耐暑热，生育适温为15～22℃，盆土以疏松肥沃之沙质土壤栽培为佳，栽培过程中要注意排水需良好，并给予充足的光照。

准备材料

容器、种子、颗粒石、培养土、喷壶、剪刀、镊子、小铲子。

种植步骤

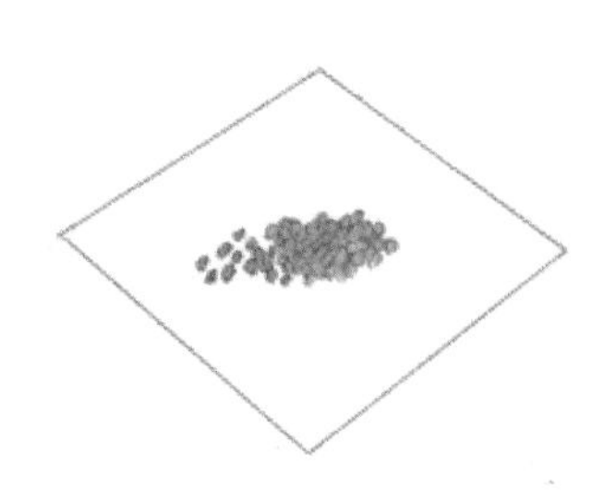

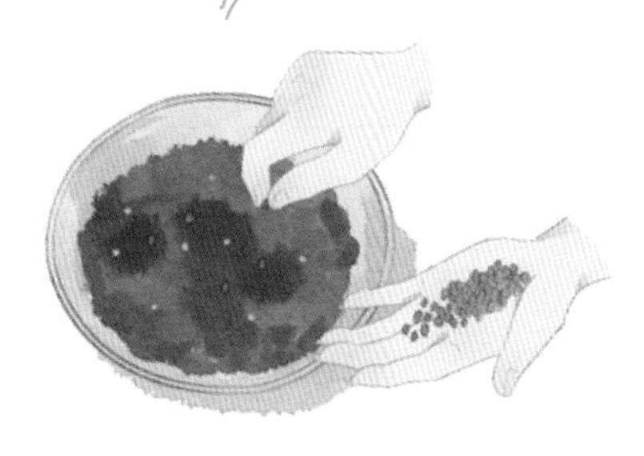

准备好容器和种子，小芜菁的种子生长周期短，发芽率高，栽培比较简单，建议采用撒播的播种方式。

2 小芜菁播种最好选择较大的容器，先在盆底铺一层颗粒石，再倒入混有基肥的培养土，然后将种子均匀地播撒在盆土表面。

播种后，再用手抓一把相同的培养土，慢慢地、均匀地抖落在盆土表面。

用手掌轻轻地按压盆土的表面，目的是为了使种子与培养土紧密地结合在一起，按压后，再用喷壶对盆土慢慢地进行喷水。

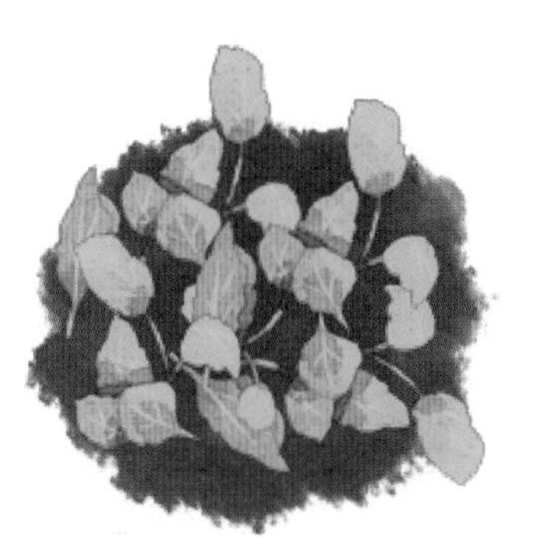

小贴士：

小芜菁易受到菜青虫、蚜虫、斜纹夜蛾等害虫的侵害，要随时摘除黄叶，以利通风透光。栽植后10 ~ 15天，追施腐熟的稀薄液肥，过10天后再追施一次。

5　小芜菁播种后约一周的时间发芽，长出叶片后开始间苗，保留茁壮的菜苗，维持菜苗的间距在8~10厘米之间。

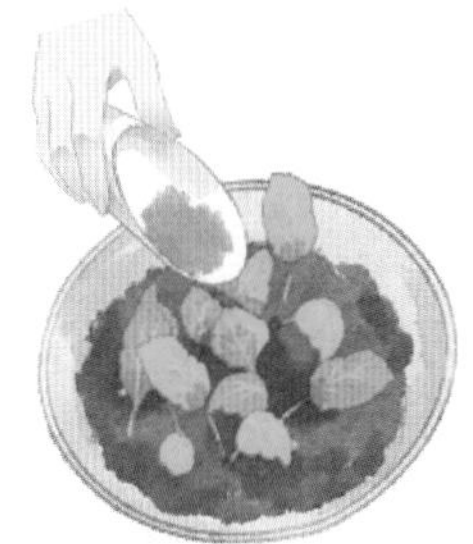

6　每次间苗后都要在留下的菜苗之间和根部周围填充新的培养土，以保证余下的菜苗根部稳固。

7　一般在播种后1~2个月的时间收获，可以一边间苗一边收获，收获时可以先从大的植株开始，抓住根部拔出即可。

8　第二次间苗后采下的叶片不要扔掉，可以食用，当菜苗长大后，间苗的工作也不能停止，每次间苗后还要记得补充适量的追肥。

生菜

菊科莴苣属

生菜又称鹅仔菜、唛仔菜、莴仔菜，为菊科莴苣属一年生或二年生草本植物，原产地在欧洲地中海沿岸，中国各地广泛栽培。叶片呈倒披针形、椭圆形或椭圆状倒披针形，密集成甘蓝状叶球，生菜根系发达，耐旱力颇强，但应在肥沃湿润的土壤上栽培。

主要品种

生菜根据其叶片生长形态的不同可以分为结球生菜、皱叶生菜和直立生菜。

食用价值

生菜营养丰富，含有大量 β 胡萝卜素、抗氧化物、维生素 B1、维生素 B6 、维生素 E、维生素 C 等。

最佳播种时间

生菜的播种时间以春季和秋季最为合适。

小贴士：

生菜喜冷凉环境，既不耐寒，又不耐热，生长适宜温度为15~20℃，种子较耐低温，在4℃时即可发芽。发芽适温18~22℃，高于30℃时几乎不发芽。

准备材料

容器、种子、颗粒石、培养土、木板、喷壶、报纸、剪刀、镊子、小铲子

种植步骤

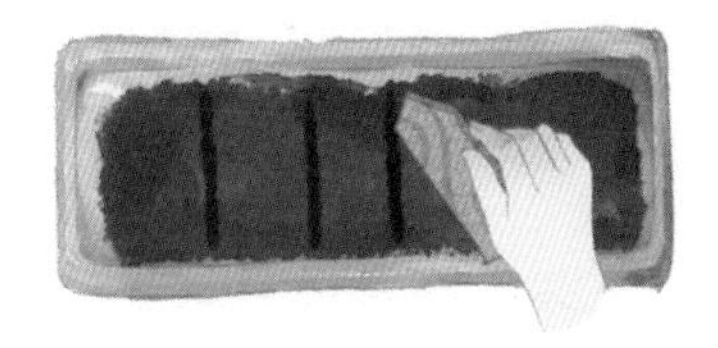

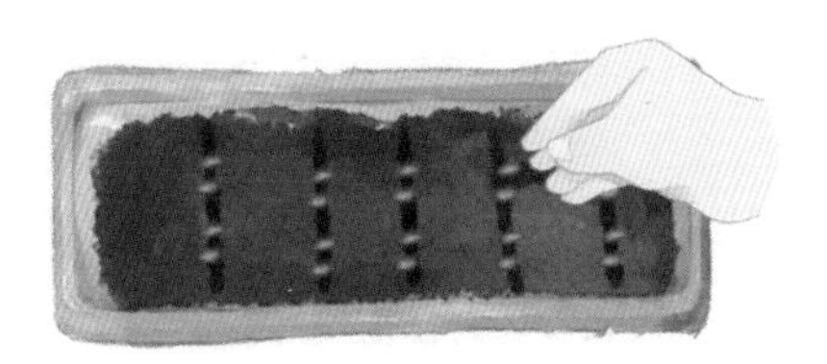

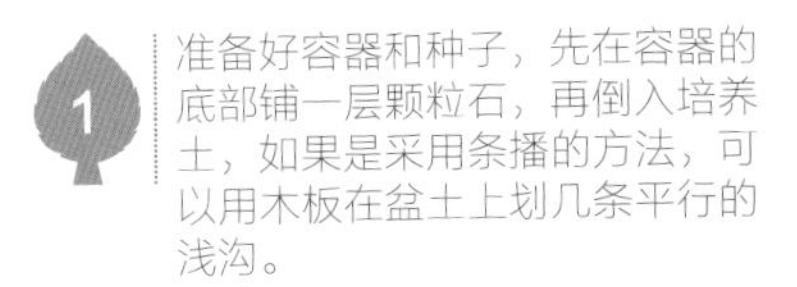

1 准备好容器和种子，先在容器的底部铺一层颗粒石，再倒入培养土，如果是采用条播的方法，可以用木板在盆土上划几条平行的浅沟。

2 采用条播法的就将种子播入之前划的浅沟里，采用撒播法的就将种子均匀地播撒在盆土表面。播种后不要覆土，可以用手将种子轻轻地压入土壤中。

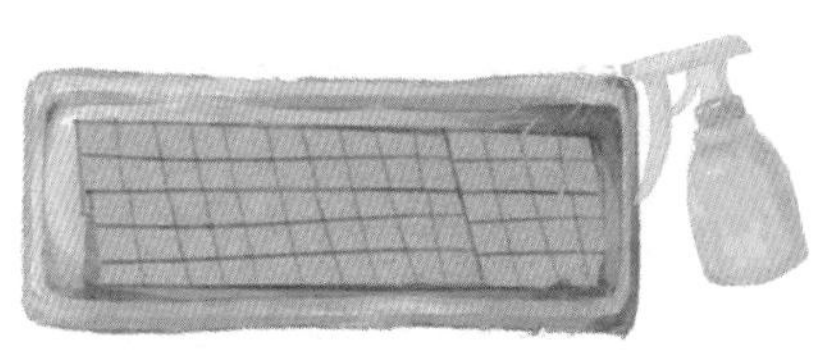

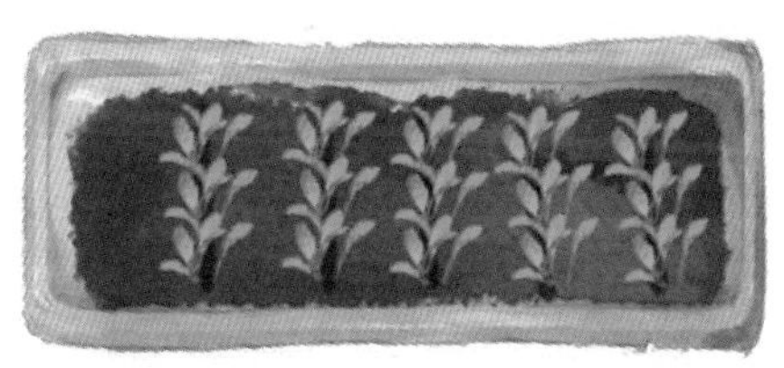

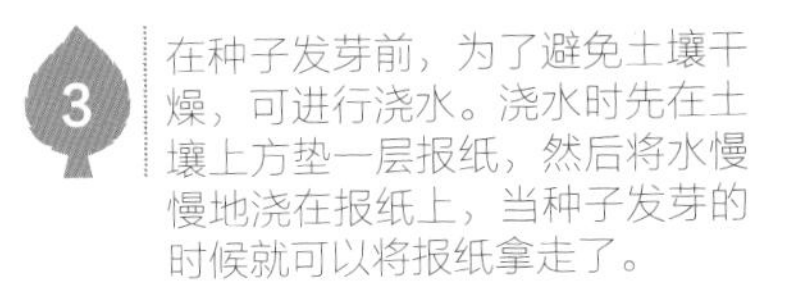

3 在种子发芽前，为了避免土壤干燥，可进行浇水。浇水时先在土壤上方垫一层报纸，然后将水慢慢地浇在报纸上，当种子发芽的时候就可以将报纸拿走了。

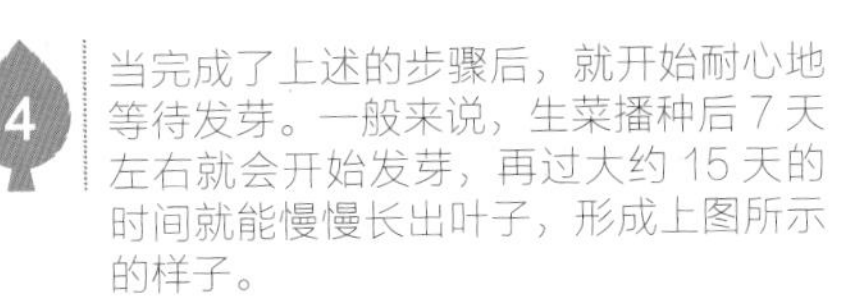

4 当完成了上述的步骤后，就开始耐心地等待发芽。一般来说，生菜播种后7天左右就会开始发芽，再过大约15天的时间就能慢慢长出叶子，形成上图所示的样子。

小贴士：

相对于皱叶生菜和直立生菜，结球生菜栽培略难，从栽培到收获需要60天左右，是针对皱叶生菜和直立生菜而言的。

5 当叶片还小时就要开始间苗，处理掉过于拥挤的菜苗，并在剩下的菜苗根部周围填补一些土壤，防止歪倒。

6 间苗不是一次就能完成的，在生长过程中如果再次出现拥挤的现象，就要再次间苗。需要注意的是，第二次间苗后处理掉的叶片就可以食用了。

7 在间苗时填补的培养土要事先进行配置，土壤中要混合一定的追肥。

8 一般播种后两个月就可以收获，或者以长出10片叶子为标准。收获时先摘取外围的叶片，如果不着急食用，可以在盆中保留部分的叶片，这样可以延长收获的时间。

9 如果收获时发现植物基部的叶片已经变硬，就不要再保留在盆中了，应及时从根部剪断，收获整株生菜。

问与答

问：什么是抽薹？

答：抽薹指植株在受到温度和日照长度等环境变化的刺激，随着花芽的分化，茎部开始迅速地伸长、植株变高的现象。生菜如果光照时间过长，就会发生抽薹的现象，茎部的顶端会开花，茎部徒长，叶子变硬。因此夜间要将生菜放到光照不到的地方。

问：生菜种植时为什么会出现发芽率不高的情况？

答：土壤的温度如果超过了 26℃，种子就可能无法发芽。因此种子不能直接承受日照，要移至半阴处。对于好光性的种子，不能完全没有光照，否则发芽会变得很稀疏，盖土不能太厚。

问：生菜不进行间苗可以吗？

答：如果不进行间苗处理，生菜会长得十分密集。可以在生菜长到 8 厘米左右时从根茎的上方二三厘米处剪下，这时的生菜口感舒适。过 3 周左右，生菜又可以长回原状。

生菜的病虫害

生菜容易感染叶斑病，有两种症状，一种是初呈水渍状，后逐渐扩大为圆形至不规则形、褐色至暗灰色病斑；另一种是深褐色病斑，边缘不规则，外围具水渍状晕圈。发现时要及时摘除病叶，可以喷洒植保素，发病初期要喷洒多硫悬浮剂液。在秋季栽培时要注意蚜虫和菜青虫。

球茎甘蓝

十字花科芸薹属

球茎甘蓝为十字花科芸薹属甘蓝种形成的肉质茎变种，二年生草本植物。植株茎短，全体无毛，叶片长圆形至线状长圆形，边缘具浅波状齿，可以拿来清蒸当作小菜，或切丝做成凉拌沙拉。

主要品种

球茎甘蓝栽培的品种主要有捷克白苤蓝、青苤蓝、秋串等。

食用价值

球茎甘蓝的维生素 C 含量极高，还含有大量的钾，而维生素 E 的含量非常丰富。

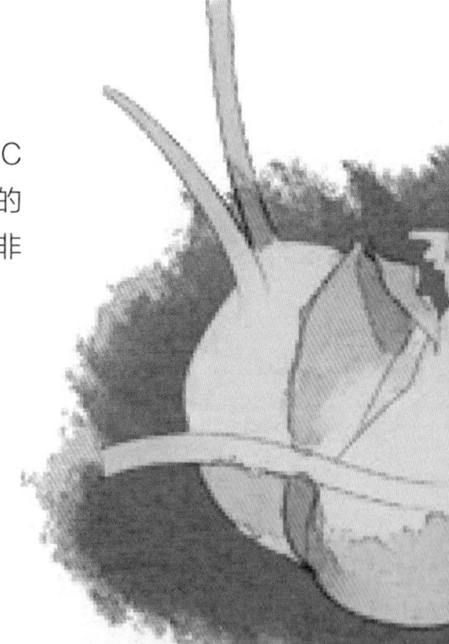

最佳播种时间

球茎甘蓝的播种时间以春季和秋季最为合适。

准备材料

容器、种子、颗粒石、培养土、报纸、喷壶、剪刀、镊子、小铲子。

小贴士:

球茎甘蓝喜温和湿润、充足的光照，较耐寒，也有适应高温的能力。生长适温 15~20℃，适合在腐殖质丰富的黏壤土或沙壤土中种植。

种植步骤

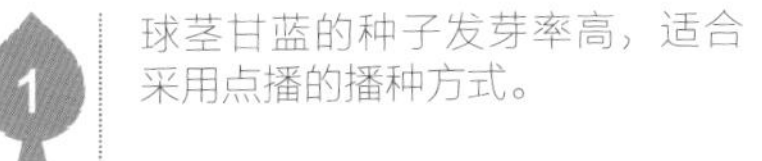

1 球茎甘蓝的种子发芽率高，适合采用点播的播种方式。

2 在容器底部铺一层颗粒石，再倒入混有基肥的培养土，在盆土每隔 15 厘米处挖一个小坑，每个坑中放入 3~4 粒球茎甘蓝的种子。

3 播种后，在种子的上方，再均匀地撒一层培养土，并用手掌轻轻按压，使种子与培养土充分结合。

4 取一张干净的旧报纸，裁剪成盆口的大小，铺在盆土表面，然后用喷壶慢慢浇水，在种子发芽前都要保持种子湿润，发芽后将报纸拿掉。

小贴士：

栽培过程中，如果浇水不匀，易使肉质茎开裂或畸形，当植物接近成熟时，要停止浇水。球茎甘蓝在幼苗期需氮肥较多，结球期需磷钾肥较多。主要病虫害包括软腐病、黑腐病、菜粉蝶、蚜虫等。

球茎甘蓝播种后两周左右即可发芽，长出叶片后在生长过于拥挤的地方进行间苗。

每次间苗后要填充培养土并施追肥，播种后 40~50 天，叶片会长至上图的大小。

当植物的球茎逐渐长大至挤出土壤表面时，就不要在球茎上覆土了、否则会造成腐烂。

球茎甘蓝一般播种后大约两个月的时间即可收获，或者以植物茎部的直径达到 4~5 厘米为标准，这时植物幼嫩的叶片和叶根都很好吃。

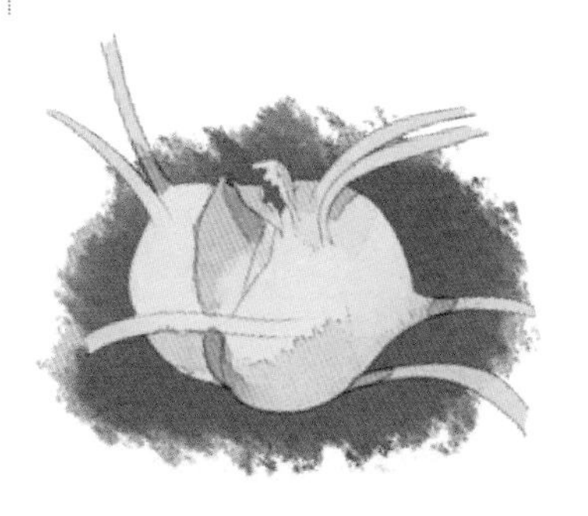

如果收获晚了，植物的甜度和嫩度都会大大降低，球茎会变硬，球茎里也会开裂或出现空洞。

茼蒿

菊科茼蒿属

茼蒿又名同蒿、蓬蒿、蒿菜、菊花菜、塘蒿、蒿子杆、蒿子、桐花菜，为菊科一年生或二年生草本植物。茎叶翠绿色，叶子互生，呈长形羽毛状分裂。茼蒿气味清新，略有苦味，有菊的甘香。

主要品种

栽培时推荐选用耐热耐寒、长势快、栽培容易的“中叶茼蒿”品种。

食用价值

茼蒿具有调胃健脾、降压补脑等效用，常吃茼蒿，对咳嗽痰多、脾胃不和、记忆力减退有较好的疗效。

最佳播种时间

茼蒿的播种时间以 4~5 月和 8~9 月为宜。

准备材料

容器、种子、颗粒石、培养土、喷壶、镊子、小铲子。

小贴士：

茼蒿属于半耐寒性蔬菜，适合在冷凉温和、土壤相对湿度保持在 70%~80% 的环境下生长，生长适温 17~20℃，超过 25℃时要注意通风，每次采收前 10~15 天追施一次速效性氮肥。

种植步骤

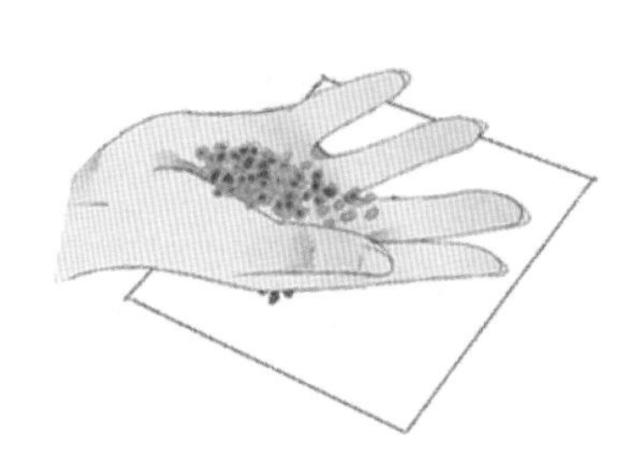

茼蒿的种子形状奇特，建议采用撒播的播种方式。

播种前，先在容器底部铺一层颗粒石，再倒入混有基肥的培养土，然后将种子均匀地播撒在盆土表面，尽量避免重叠。

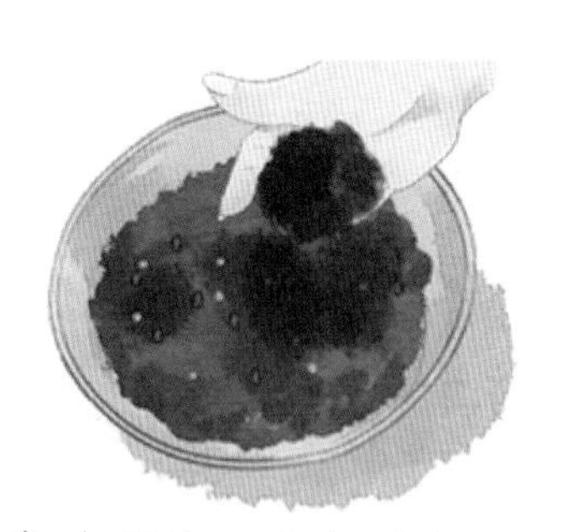

播种后，在种子的上方，再均匀地撒一层培养土，由于茼蒿的种子喜光，因此覆土的厚度应比较薄。

撒过培养土后，先用手掌轻轻地按压盆土的表面，按压后，再用喷壶对盆土慢慢地进行喷水，并在发芽前保持种子的湿润。

小贴士：

茼蒿适宜在弱光下生长，在日照较长的季节里会很快地进入结籽阶段，建议在日照时间较短的季节种植。

如果剪下的茼蒿太多吃不完，可以将它作为鲜花来装饰自己的房间，这样既美观又节约。

5 茼蒿播种约一周即可发芽，长出叶片后，在过于拥挤的地方进行间苗，保留茁壮的菜苗，维持株距在 3~5 厘米。

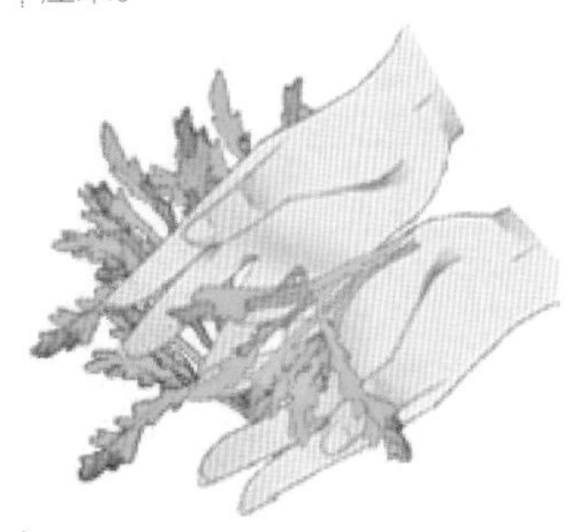

6 间苗时拔掉的菜苗，如果长度在 5 厘米以上，就可以食用了。

7 间苗后要在留下的菜苗根部以及植物之间补充培养土，保持植物稳固，并施以适量的追肥。

8 茼蒿一般播种后大约一个月的时间即可收获，或者以植株高度达到 15~20 厘米为标准，收获时用剪刀从根部向上 2~3 节的位置剪断。

9 收获后，剩下的叶子会从叶根继续长出腋芽，之后可以实现二次收获。

问与答

问：茼蒿播种后怎样进行保护，怎样防止水分流失？

答：茼蒿在生长发育时是需要充分的水分的，因此在盖土之后要进行大量浇水。在播种后如果想防止水分的流失，可以用 1 ~ 2 张报纸把花槽包裹住，然后再将水浇在报纸上，也要充分浇水，这样可以有效地防止水分的流失。

问：茼蒿可以使用除草剂吗？

答：茼蒿对所有除草剂都敏感，不能使用化学除草剂，要进行人工除草。

问：怎样让茼蒿更可口？

答：用冷水洗完后控干水分，再装入塑料袋中，放入冰箱冷藏。茼蒿不容易保存，容易变质，暂时不吃的茼蒿应该用水略煮一下再放入冰箱进行保存。

茼蒿的病虫害

茼蒿的虫病较多，因此应注意叶片的清洁。叶枯病会使叶子的中央变成淡灰色，边缘为褐色，湿度大时叶片正面或背面都会出现黑色霉状物，后期时病斑连片，会导致叶片枯死。发病初期喷施多硫悬浮剂倍液，5 ~ 7 天一次，连喷 2 ~ 4 次。白粉虱是茼蒿常见害虫，会吸食植物汁液致其死亡，可以使用阿克泰水分散剂喷雾。

潜叶蝇的幼虫会潜入茼蒿的叶片下，造成不规则的灰白色线状孔。有时甚至会造成叶片的所有组织受害，叶片上布满虫噬痕迹，特别是植株基部的叶片受害最严重，最终导致枯萎、死亡。潜叶蝇的成虫还可以吸食植物汁液，被吸食过的部位会出现小白点。

要适量、适时地对植株进行灌溉、施肥，注意清除植株间的杂草，及时清理病株和病虫。在刚出现危害时要及时喷药防治幼虫，要连续喷 2 ~ 3 次，可以选用乐果乳油。

茄子

茄科茄属

茄子又名矮瓜、白茄、吊菜子、落苏、茄子、紫茄、青茄，为茄科茄属草本或亚灌木植物。植株叶片卵形至长圆状卵形，果实颜色有紫色、紫黑色、淡绿色等，形状上也有圆形，椭圆，梨形等。鲜嫩的茄子皮薄、子少、肉厚，是老少皆宜的蔬菜之一。

主要品种

茄子可分为极早熟、早熟、中熟、晚熟、极晚熟等品种。

食用价值

茄子含有葫芦巴碱及胆碱，在小肠内能与过多的胆固醇结合，排出体外，起到降低胆固醇的功效。

最佳栽培时间

茄子的栽培时间以5月上旬为宜。

准备材料

容器、幼苗、铁丝网、填土器、培养土、支架、包胶铁丝或细麻绳、洒水壶、剪刀、塑料袋。

种植步骤

1 在挑选茄子幼苗时，要选择叶色深、茎粗壮、节间短的。

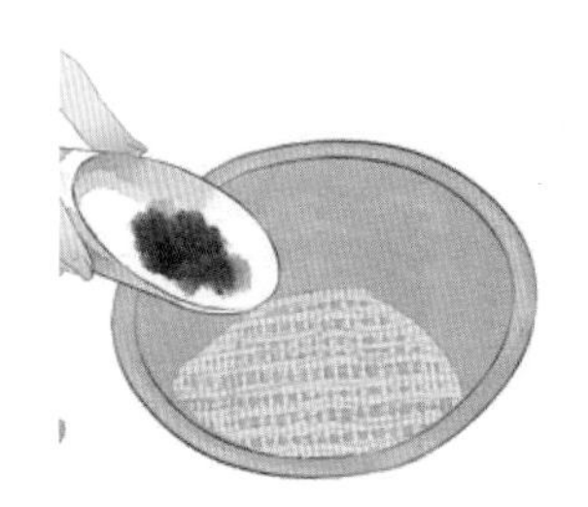

2 将铁丝网垫在容器的底部，然后向容器中倒入培养土，高度为距离容器上沿约5厘米的位置。

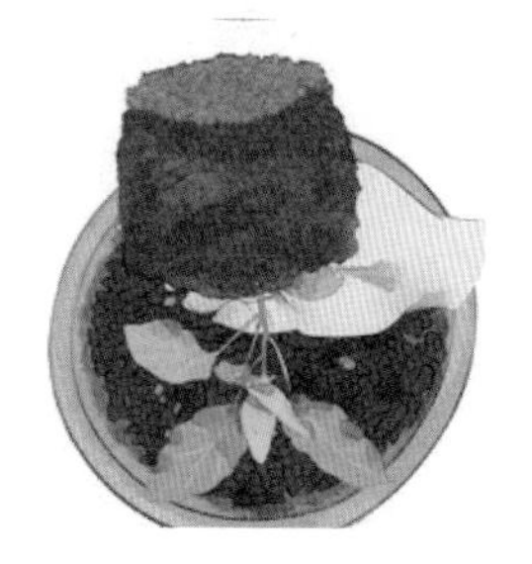

3 将茄子的幼苗从种植杯中取出，注意不要破坏土球，并对根部进行适当的清理。

4 将幼苗栽植在容器中，并在周围填充培养土，并用手掌轻轻地按压，使植物稳固。

5 填土的高度以与幼苗的土球上表面平行为宜，对于砧木上长出的小叶需要摘除。

6 将一个临时的支架插入培养土中，起到固定的作用，以免幼苗根基不稳，导致无法存活。

8 栽种完幼苗后，用洒水壶给植物浇一次透水，以水从花盆底部流出为宜。

7 插好支架后，还要用包胶铁丝或者细麻绳将幼苗与支架绑在一起，捆绑时注意给植物的茎留有一定的生长空间。

10 茄子栽苗后 2~3 周茎节开始伸长，并会长出第一朵花，此时是摘除腋芽的最佳时期。

9 栽苗后将植物放在日照充足处养护，如果夜间气温过低，可以将植物移入室内或者用塑料袋罩住。

小贴士：

茄子喜高温，种子发芽适温为 25 ~ 30℃，幼苗期发育适温为 15 ~ 25℃，15℃以下植物生长缓慢。茄子适于在富含有机质、保水保肥能力强的土壤中栽培。

11 摘除腋芽时，留下主枝和第一朵花下面的两个腋芽，其他的腋芽全部摘除。

13 腋芽摘除干净后的植物应为如图所示的样子。

12 摘除腋芽的方法很简单，用手直接将其掐断就可以了。

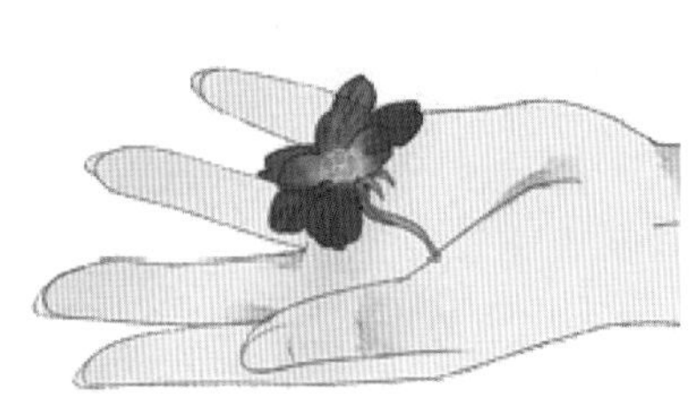

15 茄子栽苗后 4~5 周，需要拿掉临时支架，插入正式支架，或者以植物茎的长度达到 30 厘米左右为标准。插好支架后，要将枝条固定在支架上。

在植物长出果实前，要将第一朵花摘除，否则对植物生长不利，如果植物在幼小时已经长出果实，也要将果实摘除。

小贴士：

如果要将茄子冷冻保存，不可直接将生茄子冷冻，否则易缩水。应先将茄子切成薄片煎成微焦状，再急速冷冻，用保鲜袋包住放入冰箱一般可保存一个月左右。

茄子栽苗后约 40 天的时间即可收获，收获要及时。收获时用剪刀从植物的蒂上剪断即可，收获晚了，茄子会失去光泽，表皮变硬。

问与答

问：茄子种植时出现了花瓣有紫点，叶片黄绿不均匀，坐果后幼果有腐烂现象怎么办？

答： 这是茄子缺乏硼、镁元素造成的，要及时施硼砂或英国硼，镁肥可选择含镁的中微量元素肥料冲施。

茄子的病虫害

茄子容易发生烂果病，具体的病种有：绵疫病、褐纹病、炭疽病等等。轻则烂果，重则死秧。

绵疫病又称烂茄、掉蛋，是茄子的重要病害之一。经常发生在梅雨季节和洪涝期，危害极大，造成严重损失。该病主要危害植株果实，尤其是离地面极近的果实。症状初期，果实表面会出现水渍状圆形小斑点，之后迅速遍布整个果实，最终会导致果实变褐、腐烂。

褐纹病又叫真菌性病害。幼苗感染病害后，近地面茎基部容易产生褐色至黑褐色椭圆形或菱形病斑，植茎微凹陷收缩。当病斑环绕茎周时，幼苗会死亡，大苗会干枯。成株期感染病害，叶片将出现白色小斑点，以后会满布为不规则病斑。茎部受到感染会出现溃疡病斑，边缘深褐色，中央灰白色，上面密生小黑色斑点，后期会导致植株枯死。

炭疽病主要病发在果实成熟期，初时果实上会产生圆形或椭圆形黑褐色稍凹陷的斑点。斑面生黑色小点和溢出朱红色黏稠物，病症明显。后期会溢出褐红色黏稠物，严重的果实将腐烂。

炭疽病防治方法：选用耐抗、无病的种子。实行轮作，土壤覆盖地膜，精心选地，合理密植，科学施肥，精细管理，合理使用药剂。茄子定株前以多菌灵可湿性粉剂喷布苗床，后再以甲基托布津可湿性粉剂喷洒保护幼苗。初始出现发病病株，应及时拔除并喷药防治。结果期最好在雨季前喷药保护，一周一次波尔多液进行防护效果很好。

青椒

茄科辣椒属

青椒又名大椒、灯笼椒、柿子椒、甜椒、菜椒，为茄科辣椒属一年生或多年生草本植物。果实颜色为翠绿色，市场上培育出来的新品种还有红、黄、紫等多种颜色。形状似灯笼，人工培育的青椒体积大、果肉厚、辣味少，深受广大群众喜爱。

主要品种

青椒的品种有很多，都可以进行尝试。

食用价值

青椒含有丰富的维生素C，适合高血压、高血脂的人群食用。

最佳栽培时间

青椒的栽培时间以 3~4 月为宜。

准备材料

容器、幼苗、铁丝网、填土器、培养土、支架、包胶铁丝、洒水壶、剪刀。

种植步骤

1 在挑选青椒幼苗时，要选择叶色深、有厚度、茎粗壮、节间短的。

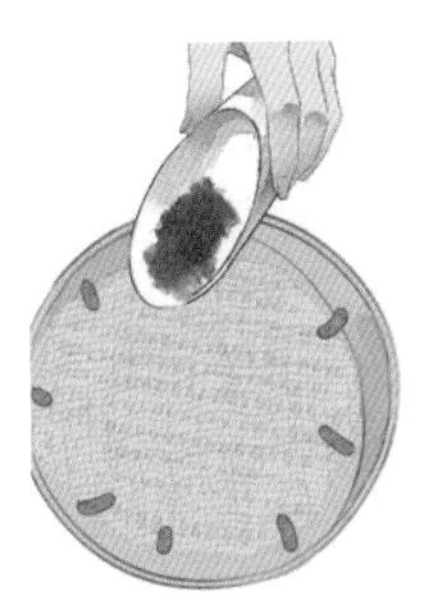

3 将青椒的幼苗从种植杯中取出，注意不要破坏土球，并对根部进行适当的清理。

2 将铁丝网垫在容器的底部，然后向容器中倒入培养土，高度以距离容器上沿约 5 厘米为宜。

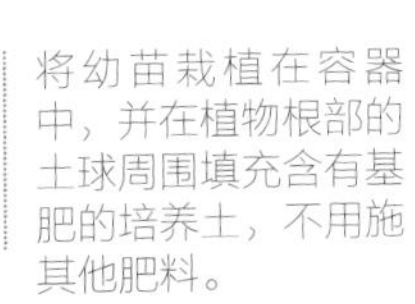

4 将幼苗栽植在容器中，并在植物根部的土球周围填充含有基肥的培养土，不用施其他肥料。

5 填土的高度以与幼苗的土球上表面平行为宜，然后用手掌将盆土稍稍压紧，使植物稳固。

6 将一根细支架斜插入盆土中，并用包胶铁丝将植物的茎绑在支架上，但要留出一定的空隙。

7 支架插完后要浇一次透水，以水分流出盆底为宜。

8 青椒栽苗一周后就能长出饱满的芽，此时的腋芽不要摘除。

9 栽苗后2~3周，青椒长势旺盛，枝条越长越长，并且开始开花。

10 右图为青椒的白色花朵，植物开花后会很快长出果实，第一个果实长出来以后要立即摘除。

11 当青椒长出第二个果实后开始施用追肥，直到收获为止，但施肥的量不要过多。

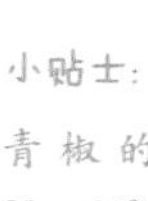

小贴士：

青椒的发芽适温为28～30℃，植物的生长适温为15～35℃。盆土以潮湿易渗水的沙壤土为好，土壤的酸碱度以中性为宜，微酸性也可。

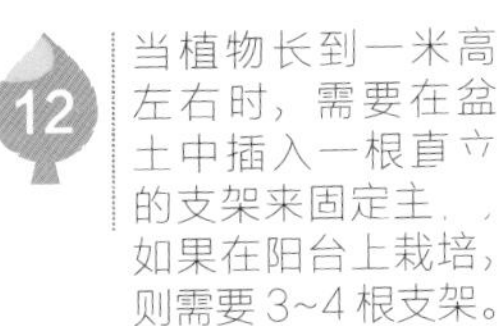

12 当植物长到一米高左右时，需要在盆土中插入一根直立的支架来固定主枝。如果在阳台上栽培，则需要3~4根支架。

13 插入支架后，将植物的主枝用包胶铁丝绑定在支架上。

14 在阳台上栽培时，4根支架应摆放在如图所示的位置，目的是不让植物的枝条横向扩展。

15 青椒栽苗后30天左右即可收获，果实开始是黄色的，此时口感水嫩，之后会很快变为橙色最后变成红色，此时甜度最高。

小贴士：

可将新鲜摘取的青椒直接装入塑料袋中，封紧袋口后放入冰箱内冷藏即可。也可将辣椒洗净稍冷却后放入塑料袋中，封紧袋口放入冰箱冷藏。

16 在收获时，用剪刀在植物的蒂上面的果柄处剪断即可，上图为果实累累的盆栽青椒。皮变硬。

问与答

问：青椒和彩色甜椒哪个更容易种植？

答：青椒属于辣椒中的无辣味品种，成熟后的青椒会变成红色，而市场上销售的青椒都是不成熟的，彩色甜椒和成熟后的青椒是很难区分的。相对而言，青椒栽培周期短，耐高温，抗病虫害能力等都强于彩色甜椒，所以对于初学者而言，青椒更容易种植。

彩色甜椒和青椒

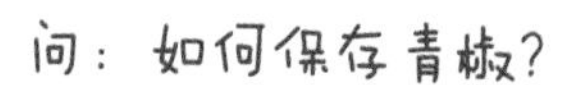

问：如何保存青椒？

答：青椒收获后装入塑料袋，立马放入冰箱中冷藏，可以存放两个星期。焯水后立马冷冻，可以存放一个月。

青椒的病虫害

青椒主要病虫害有叶斑病、污霉病、烟青虫等等。

叶斑病主要危害植株的叶子。叶斑出现在叶子上，大小不等，叶面呈浅褐色至深褐色，叶背有灰黑色绒状物。该病害为真菌性病害，病原菌为辣椒色链隔孢。

防治方法：叶斑病的初期可用代森环可湿性粉剂隔一周喷洒一次，连续 2 ~ 3 次，收获前一周停止喷药。

污霉病主要为害叶片、叶柄和果实。叶片染病时，叶面初期生出褐色圆形至不规则形霉点，最后形成煤烟状物，可布满叶面、叶柄及果面，严重时覆盖整个叶片和果实，到处布满黑色霉层，影响光合作用，导致病叶提早枯黄或脱落，果实提前成熟。

防治方法：污霉病的初期，喷施甲基硫菌灵或硫黄悬浮剂稀释液，两周一次。青椒的烟青虫病害以幼虫蛀食花、果、蕾及嫩茎、叶、牙，如果不及时有效防治，后期会造成严重损失。使用天王星乳油或敌杀死稀释液在 9 月之前喷雾防治效果最佳。

烟青虫俗称菜青虫，是蝴蝶的“孩子”。主要危害植株的花、果，若危害到青椒时，整个虫子会爬进青椒内，啃食青椒的果皮。烟青虫是蝴蝶产下的卵发育而成，后期羽化成为成虫，危害蔬菜。

防治办法：直接摘除病果；或者使用药剂防治，杀灭菊酯乳油、三氟氯氰菊酯天王星乳油稀释后喷洒于植株的上部。

苦瓜

葫芦科苦瓜属

苦瓜又名癞葡萄、凉瓜，为葫芦科苦瓜属一年生攀援状柔弱草本植物。植株叶片轮廓卵状肾形或近圆形，果皮呈青绿色、绿白色等，果实形状为椭圆形，表面有大量瘤状突起物。苦瓜既可以凉拌，也可以清炒熟食。

主要品种

苦瓜根据颜色深浅分为浓绿、绿色和白绿色，浓绿和绿色的苦瓜苦味较重，色浅的苦味较轻。

鸡蛋炒苦瓜

苦瓜汁

食用价值

苦瓜有清热解毒的功效，能泄去心中燥热，凉拌或榨成汁是保留苦瓜维生素的最好方法。常吃苦瓜还能养颜嫩肤、降血糖等。

最佳栽培时间

苦瓜的栽培时间以 3 月上旬为宜。

准备材料

容器、幼苗、铁丝网、填土器、培养土、支架、包胶铁丝或细麻绳、洒水壶、剪刀、塑料袋。

种植步骤

1 在挑选苦瓜幼苗时，要选择叶色深、有厚度、茎粗壮、节间短的。

2 在容器的底部铺一层颗粒土，厚度控制在 1 厘米左右。

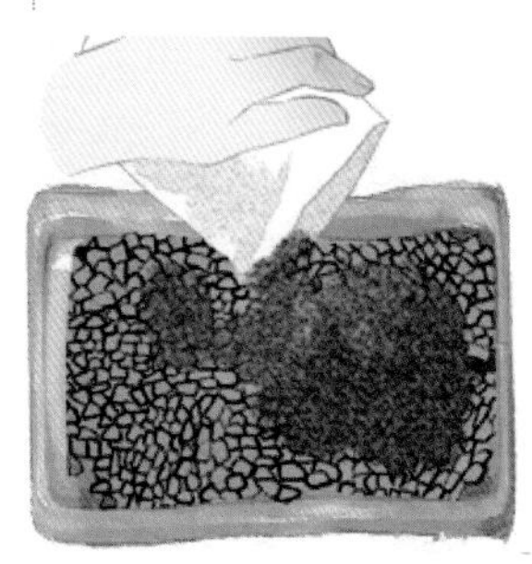

3 在颗粒土的上方倒入含有机肥的培养土，厚度以距离容器上沿 5 厘米左右为宜。

4 将苦瓜幼苗从种植杯中取出，且根部进行简单的清理，但不要破坏土球。

5 用手在盆土中挖出一个洞，大小与植物根部的土球相同。

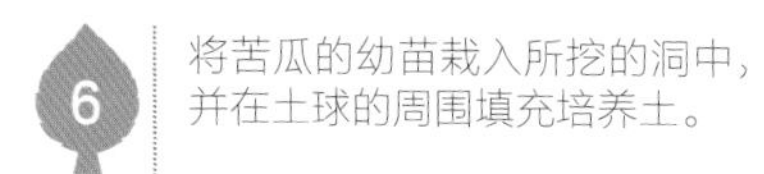

6 将苦瓜的幼苗栽入所挖的洞中，并在土球的周围填充培养土。

7 用手掌将植物根部土球的土壤稍稍压紧，使植物稳固。

8 在长方形的容器中，栽入三株苦瓜的幼苗，注意间距要均匀。

9 将一根长度约 30 厘米的支架插入盆土中，并将植物的茎用包胶铁丝绑在支架上。

10 支架插完后要浇一次透水，以水分流出盆底为宜。

11 栽培苦瓜需要遮阴的环境，右图为专门制作的遮阴网。

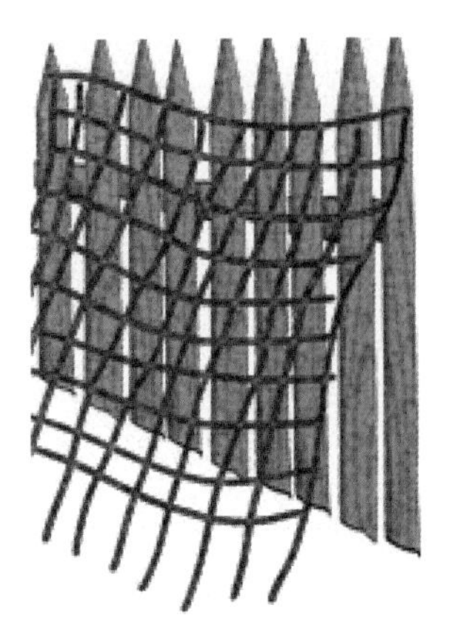

小贴士：

苦瓜对温度的适应性较强，种子萌芽的适温为30~35℃，植物的生长适温为15~30℃。苦瓜对土壤的要求不太严格，一般以在肥沃疏松，保土保肥力强的土壤上生长良好。

将盆栽放置在遮阴网的下方，并将瓜蔓绑在网上，这样瓜蔓会缠绕在遮阴网上生长。

如果苦瓜的瓜蔓偏向一个方向生长，就要将匍匐在地面上的瓜蔓绑在另一个方向上。

14

随后，植物会长得很快，叶片会布满遮阴网。

15

苦瓜栽苗后 70 天左右的时间收获，用剪刀在瓜蒂的上方剪断即可。

小贴士：

苦瓜属于短日作物，喜光不耐阴，开花结果期需要较强的光照。苦瓜喜湿而怕涝，在生长期间要求有较高的相对湿度和土壤湿度。但遇到暴雨或排水不良时，植株生长不好。

收获应趁果实还不算太大时进行，收获晚了果实就会发黄、变硬，味道也很难吃。

问与答

问：苦瓜怎么处理更可口？

答：生的苦瓜长时间地放置会影响营养价值和口感，可以把苦瓜切条晒干，水分蒸发后保存。

问：苦瓜茶怎么做？

答：把苦瓜果实内壁的瓤子去掉，切成薄片暴晒。晒干后在平底锅内煎至稍微变色即可。苦瓜茶可以有效地预防高血压。

问：苦瓜果实弯曲变形怎么办？

答：当植株中钙、镁、钠元素不足时，果实会弯曲变形，只需要追加一些生石灰就行啦。

苦瓜的病虫害

苦瓜常见的有叶枯病和斑点病。叶枯病在北方发生严重，主要危害叶子，病害的初期主要在叶子上产生褐色小斑点，严重时会导致叶片死亡。斑点病主要危害叶片，发病的初期叶片上产生褐色小圆斑，严重时病斑汇合，导致叶片干枯或破裂。

防止叶枯病，可在种植前购买耐热的苦瓜品种。斑点病的防治，可在发病初期交替喷洒甲基托布津和百菌清稀释液或者硫悬浮剂效果很好。

土豆

茄科茄属

土豆又名洋芋、荷兰薯、地蛋、薯仔、马铃薯、番仔薯等，为茄科茄属多年生草本植物。植株外皮有白色、淡红色或紫色等颜色，薯肉多为白、淡黄、黄色等。根部体积大，一般呈长圆形。其味道脆爽可口，可制成薯条、薯片、粉丝等美味食品。

主要品种

土豆的品种很多，有紫色、红色、黑色、黄色马铃薯，七彩马铃薯等。

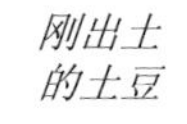

刚出土的土豆

食用价值

土豆的营养价值高，主要是淀粉和蛋白质，并含有多种维生素和无机盐。

最佳播种时间

土豆的栽培时间以 3 月下旬和 8 月下旬为宜。

准备材料

塑料袋、发芽的土豆、填土器、培养土、洒水壶、剪刀。

种植步骤

1 将 5~10 千克的培养土倒入大塑料袋中，并将袋口向外翻。

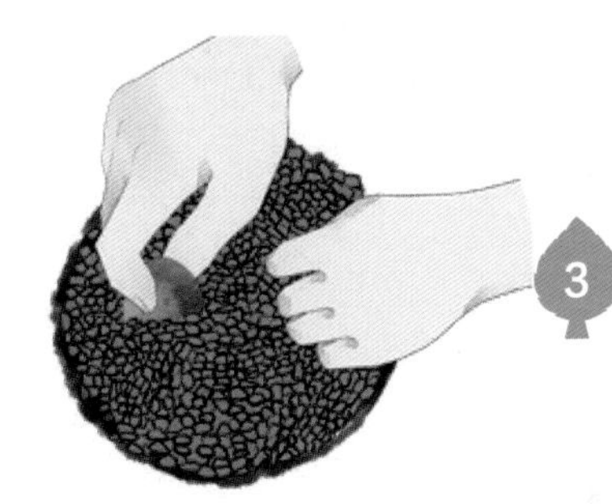

3 将土豆的薯脐朝下，栽入塑料袋内的培养土中，数量在 3 个左右。

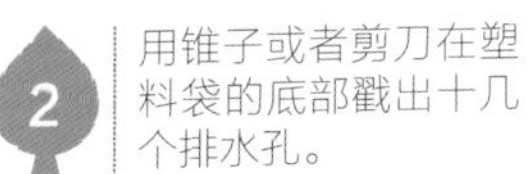

2 用锥子或者剪刀在塑料袋的底部戳出十几个排水孔。

4 种完土豆后，在上方覆盖一层培养土，厚度控制在3~5厘米。

6 土豆栽植后约两周的时间就会发芽，如果是在秋季栽植的，发芽后要将植物移到光照充足处。

5 用洒水壶将塑料袋中的培养土浇湿，春季宜摆放在温暖且光照充足处，秋季则摆放在阴凉背光处。

摘芽后对植物施一次追肥，一个月以后再施一次。

当植物的芽长到 15~20 厘米时需要进行摘芽，每个土豆只保留 2~3 个大芽。

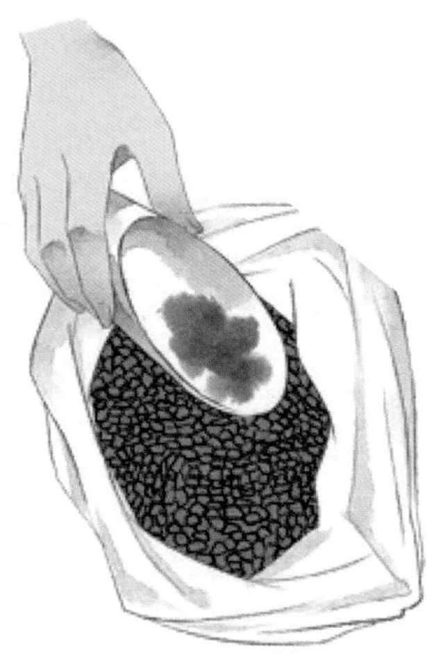

植株长大后，不需要插支架，当根部和新长出的薯块露出土面时，需要添加培养土。

10

培养土要和塑料袋中原有的培养土一样，覆土的高度以盖住根部和薯块为宜。

小贴士：

土豆性喜冷凉，是喜欢低温的作物，块茎生长的适温是 16~18℃，茎叶生长的适温是 15~25℃。盆土以肥沃、疏松、排水性和透气性良好的沙质土壤为宜。

11

土豆一般栽植后两个月即可收获，或者以叶子干枯为标准，收获时的气温不能低于 0℃。

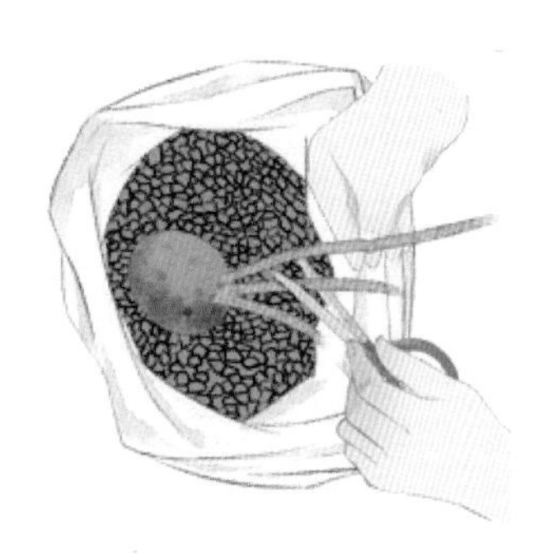

13 接着用剪刀将塑料袋剪开，将培养土和植物倒在报纸上。

12 收获时，首先用剪刀将植物贴近土壤表面位置的茎剪断。

14 此时，植物的根部一般是卷曲结块的，如上图所示。

15 然后需要用手稍微整理，取出成熟的薯块，注意不要遗漏体积较小的薯块。

小贴士：

栽种的土豆需要选用脱毒的种薯，并且一定要带有芽。如果选择平时吃的土豆，不宜发芽生长，更有可能带有病毒而无收获。

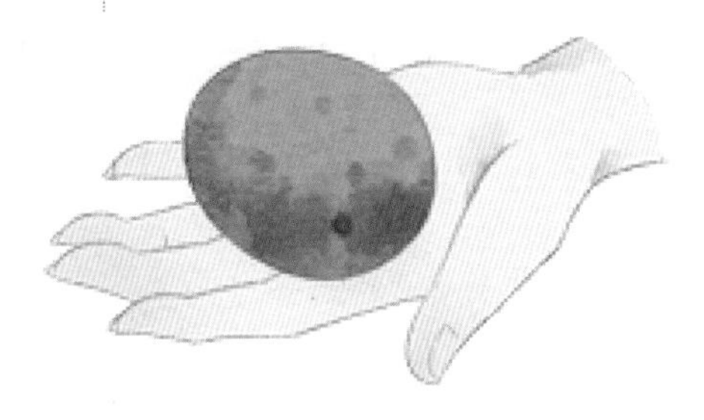

16 取出薯块后，需要将表面的土清理干净，然后放在背光、通风良好的地方晾晒一天。

小贴士：

在收获之后要把土豆充分地晒干，放置在阴凉处储存。此后不可以再接触到阳光。摆放时要尽可能地平铺，不要堆放，以免造成空气不流通，土豆产生腐烂。可以在土豆里放入苹果，利用苹果放出的乙烯来延缓土豆发芽。

小贴士：

收获土豆时会出现很多与正常土豆不同的奇形怪状的土豆，有的在土豆顶部或侧部长出一个小脑袋，有的像哑铃，这是什么情况？

这种情况叫做畸形土豆。是因为在一段时间内，土豆生长正常后遇到高温或干旱导致土豆暂时停止生长或生长很慢，造成表皮老化。后面的环境或温度发生了改变，或干旱后重新供水，让土豆无法继续均匀膨大造成的畸形土豆。为避免发生，就要持续地保持稳定的生产条件，正常供应水和肥，不使用二次生长严重畸形的土豆作种，以防止产生畸形。

土豆的病虫害

当叶片表面出现粗糙，说明得了疮痂病。用奥力克细截（农药名称）喷洒，每 7 ~ 10 天一次。食用时可以直接剥皮食用，不会对人体造成危害。

块茎出现空心的状态是空心病，也可以直接食用，但是口感稍差、食用面积较小。空心病要在种植时进行预防，应选择发病率低的抗病品种，或者采用合理的栽种密度、不出现旱涝情况、增施钾肥等方法，减少空心发病率。

毛豆

豆科大豆属

毛豆又叫菜用大豆，为豆科大豆属一年生草本植物。新鲜时的毛豆呈嫩绿色，豆荚呈扁平状，并且带有细毛。果肉呈扁椭圆状，果实细嫩多汁，味道甘甜，成熟后就是黄色的大豆。

主要品种

栽培毛豆时建议选择栽培难度小、生长周期短的早熟品种。

毛豆果实是黄豆

水煮毛豆

食用价值

毛豆中的卵磷脂是大脑发育不可缺少的营养之一，可以改善大脑的记忆力和智力水平。

最佳播种时间

毛豆的最佳播种时期在5月上旬。

准备材料

容器、种子、培养土、填土器、剪刀、瓶盖、支架、包胶铁丝。

种植步骤

毛豆适合采用点播的播种方式，先在容器中倒入培养土，然后用饮料瓶盖在土壤上压出四个小坑。

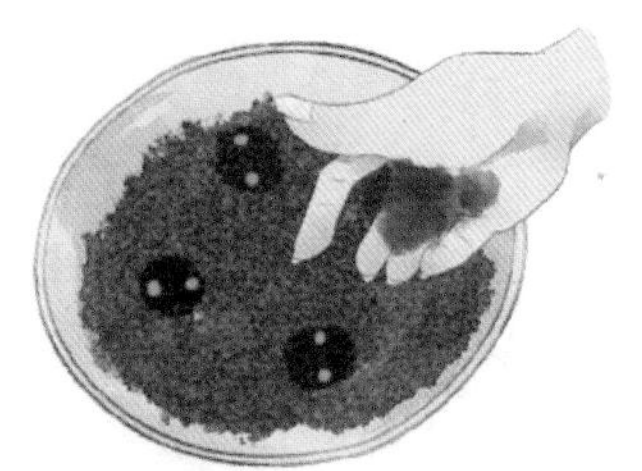

2 四个坑的间距应保持一致，每个坑内播入2~3粒毛豆的种子，再用培养土将坑填满，最后用手掌轻轻按压。

3 毛豆播种后一般两周的时间就会发芽，当植物长出2~3片叶子时开始间苗，每个坑的位置只保留一株幼苗。

当植物长出5~6片叶子后，要将顶端的枝条摘除，并且在植物的旁边搭起支架，用包胶铁丝将枝条固定在支架上。

5 播种后3周，植物会开始开花，此时开始施追肥，直到收获为止，但施肥量不要太多，否则影响结果。

毛豆播种后约3个月的时间即可收获，或者以豆荚膨大饱满为依据，收获时直接将豆荚剪下即可。

扁豆

豆科扁豆属

扁豆又名火镰扁豆、膨皮豆、藤豆、沿篱豆、鹊豆、皮扁豆、豆角、白扁豆，为豆科扁豆属多年生缠绕藤本植物。植株表皮呈青绿色或紫黑色，豆荚长椭圆形，扁平，微微弯曲。果实细嫩多汁，味道清甜，是家庭喜爱的蔬菜之一。

主要品种

栽培扁豆时建议选择生长周期短且强壮、产量多的品种。

扁豆果实

食用价值

扁豆中含有蛋白质、脂肪、糖类、磷、钙、铁、锌，维生素 B1、B2 等成分。

最佳播种时间

扁豆的最佳播种时期在5月上旬。

准备材料

容器、种子、培养土、填土器、剪刀、瓶盖、支架、包胶铁丝。

种植步骤

扁豆适合采用点播的播种方式，先在容器中倒入培养土，然后用饮料瓶盖在土壤上压出四个小坑。

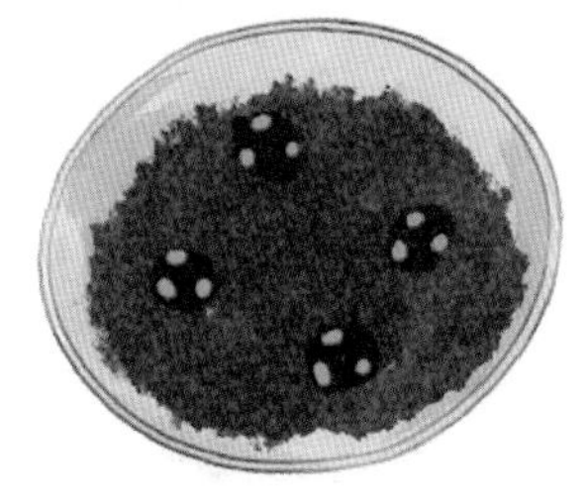

四个坑的间距应保持一致，每个坑内播入3~4粒扁豆的种子，再用培养土将坑填满，用手掌轻轻按压后浇一次水。

扁豆播种后一周左右就会发芽，当植物长出2~3片叶子时开始间苗，间苗后要及时补充培养土。

播种后2~3周，植物的枝条开始分叉，并开始长出豆荚，此时要在盆土中插入支架，并将植物绑定在支架上。

播种后3周，植物会开始开花，此时开始施追肥，直到收获为止，施肥用固态肥料和液肥都可以。

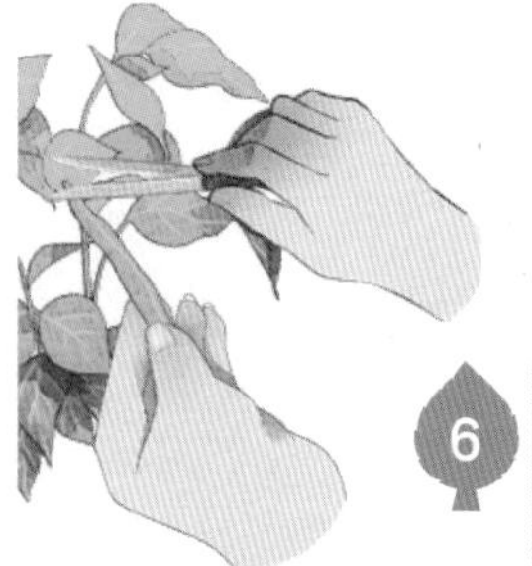

6

扁豆播种后约50天的时间即可收获，收获时直接将豆荚剪下即可，收获要及时，太晚收获会使植物生长的负担加大。

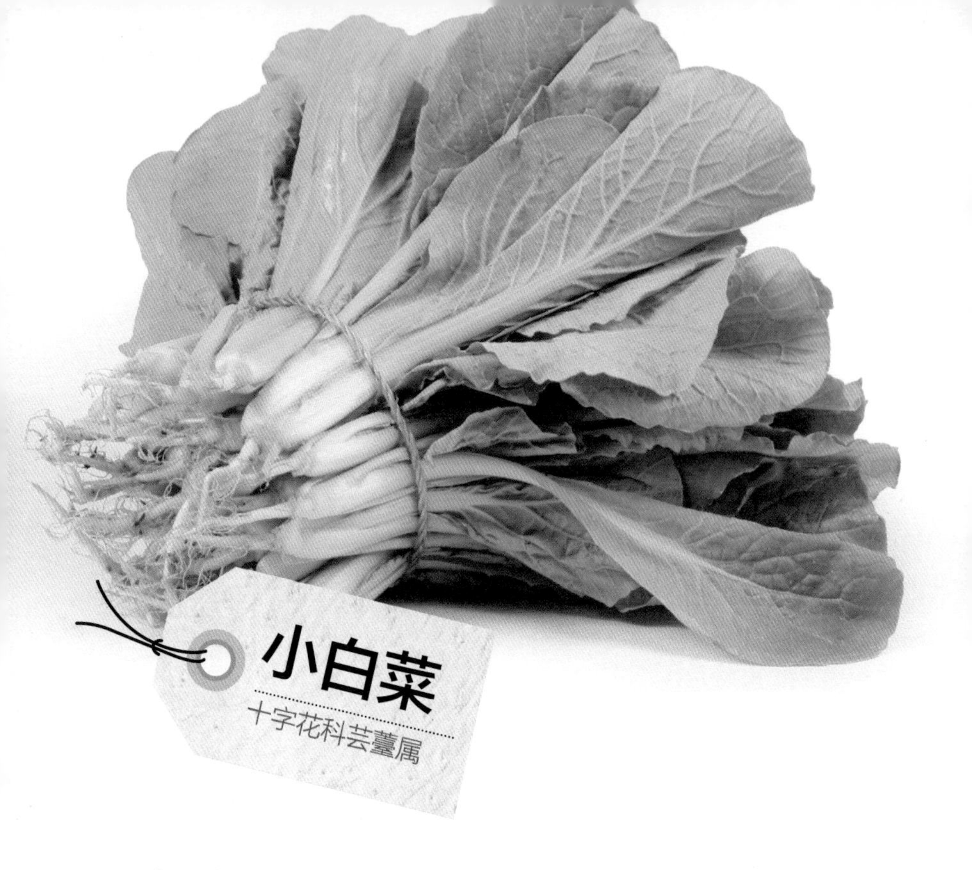

小白菜又名青菜、胶菜、瓢儿菜、瓢儿白、油菜、油白菜等，为十字花科芸薹属一年生或二年生草本植物。植株叶片为淡绿或墨绿色，植株矮小且叶片呈卵形或椭圆形。叶帮肥厚，呈白色或绿色。口感柔软可口，带有少许甜味。

主要品种

小白菜的品种较多，主要包括秋冬白菜、春白菜和夏白菜等。

食用价值

小白菜的营养价值极高，具有清热、消肿、通利胃肠等功效。

最佳播种时间

小白菜的最佳播种时间在9月。

准备材料

容器、种子、颗粒土、培养土、填土器、喷壶、剪刀。

小贴士：

小白菜性喜冷凉，又较耐低温和高温，几乎一年到头都可种植。栽培土的选择：营养土以疏松、透气、保水保肥为宜。

种植步骤

小白菜的种子发芽率高，建议采用撒播的播种方式，播种时注意种子不要播撒得过于密集。

2 在容器中先铺一层颗粒石，再倒入含有基肥的培养土，最后将小白菜的种子均匀地播撒在盆土上。

播种后继续向容器中覆盖一层培养土，厚度以3~5毫米为宜。

用手掌轻轻地按压盆土，使培养土与种子紧密贴合，然后用喷壶对盆土慢慢浇一次水。

小贴士：

保存小白菜忌水洗，水洗后，植物茎叶易腐烂，造成营养成分损失，影响口感。

小白菜不宜烹煮时间过长，否则易损失其中所含的维生素。

小白菜播种后约一周的时间就会发芽，长出叶片后如果过于拥挤就要开始间苗，保持株距在 10 厘米左右。

播种后大约一个月的时间，间苗时所摘下的叶片就可以食用了，间苗时注意先采摘长势良好的。

间苗可以用剪刀在植物的根部剪断，先从密集的地方开始。

小白菜播种后一般 40~80 天即可收获，或者以植物高度达到 20 厘米左右为标准。

收获时用剪刀从根部剪断即可，及时收获的小白菜根部膨大、叶片水嫩、新鲜可口。

菠菜

藜科菠菜属

菠菜又名波斯菜、菠薐、菠柃、鹦鹉菜、红根菜、飞龙菜，为藜科菠菜属一年生草本植物。植株根圆锥状，带红色，较少为白色，叶片碧绿色，根红色。叶片呈卵圆形，且肥大。入口柔嫩多汁，清新爽口。

主要品种

菠菜的种类很多，按种子形态可分为有刺种与无刺种两个品种。

菠菜汁

食用价值

菠菜富含类胡萝卜素、维生素C、维生素K、矿物质等多种营养素，被称为蔬菜中的“营养模范生”。

最佳播种时间

菠菜的播种时间以 9 月至 10 月中旬为宜。

准备材料

容器、种子、颗粒土、培养土、填土器、喷壶、剪刀。

> 小贴士：
>
> 菠菜属耐寒蔬菜，种子在 4℃时即可萌发，最适宜发芽温度为 15~20℃，植物生长适宜的温度在 15~25℃。菠菜对土壤适应能力强，但仍以保水保肥力强肥沃的土壤为好。

种植步骤

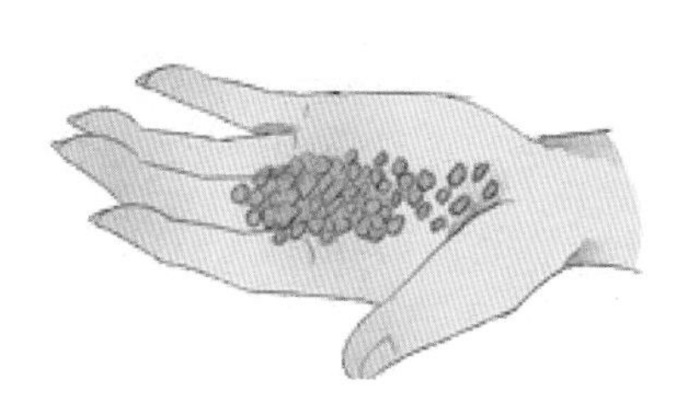

菠菜的种子外壳上有刺，播种前需要用水浸泡一个晚上，然后将外壳剥掉，采用撒播的方式播种。

首先在容器中倒入一层颗粒石，然后再倒入四分之三的含有基肥的培养土，最后撒播播种。

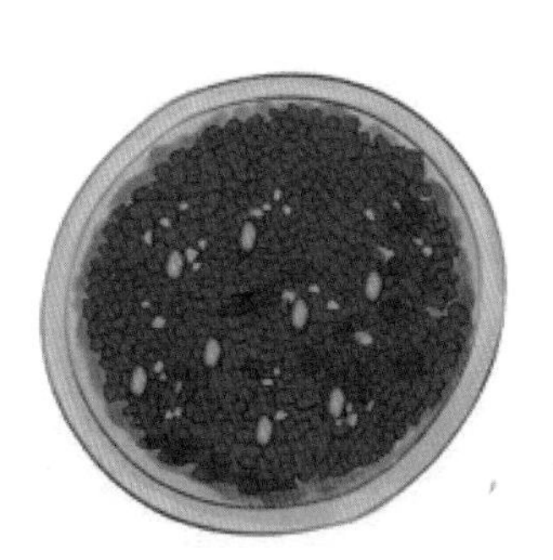

播种时，将菠菜的种子均匀地播撒在盆土中，然后再覆盖一层 3~5 毫米的培养土。

播种后，用手掌将盆土稍稍压紧，使植物幼苗根部稳固，然后用喷壶对盆土慢慢地浇一次水。

菠菜播种后大约一周就会发芽，长出叶片后开始间苗，保持株距在3~5厘米之间为宜。

6

每次间苗后，要在植物之间以及植物的根部周围填充适量的培养土。

菠菜间苗时，如果摘下的叶片长度在5厘米以上就可以食用了，做成沙拉等都是不错的选择。

8

菠菜一般在播种后1~2个月的时间即可收获，或者以植物高度达到15~25厘米为标准。

小贴士：

如果植株抽薹较早，可能是光照时间过长造成的。所以在夜间应将植株移至暗处，避免接受光照。菠菜发芽前应保持土壤湿润，适量浇水；发芽后保持土壤稍干燥，少浇水，并保证早晨浇过的水傍晚能干。如果菠菜苗过湿润易得霜霉病。

收获可以与间苗同时进行，这样可以延长收获时期，收获时只要用剪刀在植物的根部剪断即可。

萝卜

十字花科萝卜属

萝卜又名莱菔，为十字花科萝卜属二年或一年生草本植物。植株根皮一般为绿色、白色等，呈长圆形、球形或圆锥形，叶片长圆形，叶缘有钝齿，总状花序顶生及腋生，花白色或粉红色，根部皮薄、肉嫩、鲜美多汁，味略带辛辣。

主要品种

栽培时最好选择抗病能力强、栽培难度小的品种。

栽培难度小的萝卜苗

食用价值

萝卜具有消积滞、化痰热、下气、宽中、解毒，治食积胀满、咳嗽失音、肺痨咯血、呕吐反酸等功效。

最佳播种时间

萝卜的最佳播种时间在8月下旬至9月。

小贴士：

萝卜为半耐寒性蔬菜，种子在2~3℃便能发芽，生长适温为20~25℃。萝卜以土层深厚，土质疏松与保水、保肥性能良好的沙壤土为最好。

准备材料

塑料包装袋、培养土、剪刀、填土器、小铲子、喷壶。

种植步骤

取一个塑料包装袋，将含有基肥的培养土倒入塑料袋中至四分之三左右的位置。

用锥子或剪刀在塑料包装袋的下方和侧面扎出10~20个小洞。

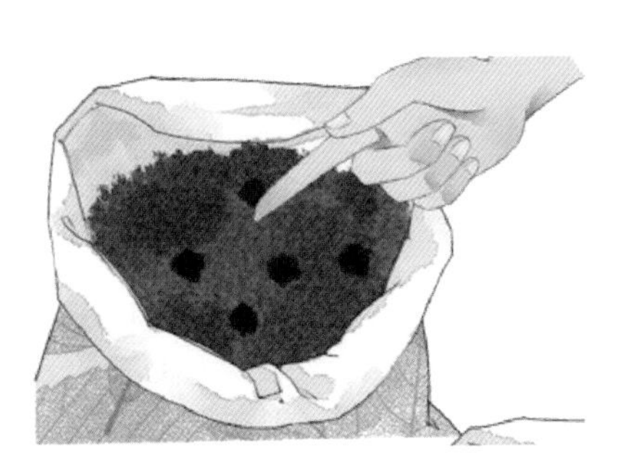

用手指在土壤表面戳出几个小坑，将萝卜的种子播撒在这些小坑中，每个坑中播3~5粒。

用手掌将土壤轻轻压紧，使培养土和种子紧密接触，然后用喷壶慢慢地浇一次透水。

小贴士：

如果萝卜根部出现分叉，主要是因为当初种植的土壤中有石头等硬物阻碍了生长。所以建议选择松软、无硬物的土壤进行种植。

播种后大约一周的时间就会发芽，当植物长出 3~4 片叶子时开始间苗。

每次间苗后都要填充培养土，间苗的最后只留下一棵植株。

萝卜播种后大约 6 周的时间，植物会长得很快，根部变得粗大，叶片也会长大。

萝卜播种后大约两个月的时间即可收获，或者以植物下面的叶子下垂为标准。收获时，握住植物挤出土壤表面的根部，将植物拔出即可，收获后要及时拔掉萝卜的叶子，以免水分流失。

胡萝卜

伞形科胡萝卜属

胡萝卜又名黄萝卜、番萝卜、丁香萝卜、小人参，为伞形科胡萝卜属二年生草本植物。植株肉质根形状有圆、扁圆、圆锥、圆筒形等。根色有紫红、橘红、粉红、黄、白、青绿。

主要品种

胡萝卜建议选择“京红五寸”“夏优五寸”等栽培容易的品种。

榨汁喝营养更齐全

食用价值

胡萝卜具有补中气、健胃消食、壮元阳、安五脏，治疗消化不良、久痢、咳嗽、夜盲症等功效。

最佳播种时间

胡萝卜的最佳播种时间在 7 月中旬至 9 月上旬。

准备材料

容器、种子、颗粒土、培养土、填土器、喷壶、报纸。

小贴士：

发芽的温度在 15 ~ 25℃；生长温度在 18 ~ 20℃。

从播种到发芽的过程中，每天用喷壶浇水两次。发芽后每天一次。气温较高时早晚各一次。

种植步骤

在容器的底部铺一层颗粒土，再倒入含有基肥的培养土，最后将种子均匀地播撒在盆土上。胡萝卜的种子很小，可以多播撒一些。

2

播种后在盆土表面覆盖一层薄薄的培养土，并用手掌轻轻按压，最后浇一次透水。

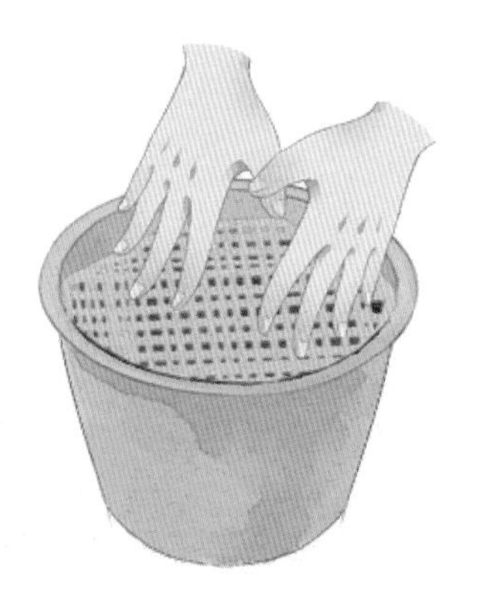

取一张干净的报纸，裁剪成盆口的大小，盖在土壤表面，然后用喷壶将报纸喷湿，在发芽前都要保持湿润。

播种后约一周就会发芽，发芽后立刻拿掉报纸，当植物长出 3~4 片叶子时开始间苗。

间苗时要保持株距在 8~10 厘米，每次间苗后要及时填充培养土。

胡萝卜栽苗后大约 100 天的时间即可收获，收获时抓住叶子根部将植物拔出即可。

胡萝卜的病虫害

家庭种植胡萝卜最容易出现的病虫灾害是蚜虫和黑腐病。蚜虫用抗蚜威可湿性粉剂进行喷洒，每隔 20 ~ 25 天喷洒一次。黑腐病要在贮藏前剔除病伤的肉质根，在阳光下晒后贮藏。收获和储存过程中避免破损。

此外要注意茴香虫，这种虫喜爱食用胡萝卜叶，要及时清除干净茴香虫。叶片上出现白色粉状物质时，要及时预防霉变。发现病虫灾害，要将病变的叶片及时处理，防止扩散。

小贴士：

胡萝卜喜肥料喜光。所以在种植期间的肥料要充足。胡萝卜的生长期要给予充足的阳光，幼苗期时则要搁置在全日照的地方。

蚕豆

豆科野豌豆属

蚕豆又名罗汉豆、胡豆、兰花豆、南豆、竖豆、佛豆，为豆科野豌豆属一年生草本植物。植株主根短粗，多须根，粗壮的茎直立，叶片椭圆形、长圆形或倒卵形，总状花序腋生，花冠白色。

主要品种

栽培蚕豆应选择产量高、品质优、抗病力强的优良品种。

蚕豆也可以晒干备用

食用价值

蚕豆含蛋白质、碳水化合物、粗纤维、磷脂、胆碱、维生素 B1、维生素 B2、烟酸、和钙、铁、磷、钾等多种矿物质，尤其是磷和钾含量较高。

最佳播种时间

蚕豆的最佳播种时间在10月。

准备材料

玻璃瓶、棉花、种子、花盆、培养土。

种植步骤

小贴士：

播种后长出的第一对叶子是最小的，叫子叶，它把营养提供给种子，因此会越来越小直到枯萎，之后长出的叶子才是真叶。

蚕豆种子发芽的适温为16～25℃，最低温度为3～4℃，开花结实期要求温度在16～22℃。

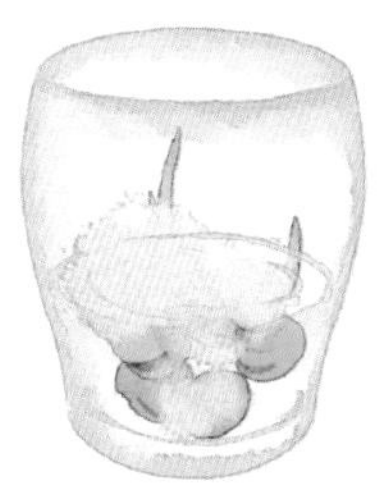

1 在玻璃杯中倒入适量清水，将蚕豆的种子包裹在棉花中，然后把棉花放入玻璃杯中。

2 播种后大约一周的时间开始发芽，一个月左右开始长出叶子，长出真叶后将植物移栽到大一点的花盆中。

3 移栽后大约20天的时间开花，注意对植物进行合理的水肥管理。

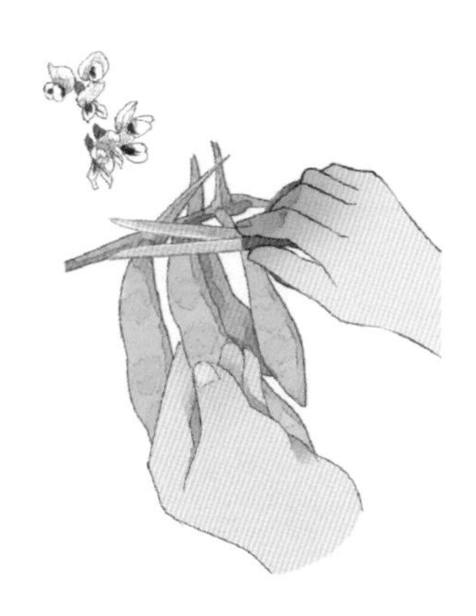

4 播种后大约3个月的时间即可收获，收获时小心地将豆荚摘下即可。

小贴士：

蚕豆与空气接触后口感会变化，存放时可以把整个豆荚放入塑料袋，密封后放入冰箱里可冷藏4～5天。品尝美味时，把洗干净的蚕豆果实用开水焯，放适量食盐，带皮吃很美味哦。

蚕豆的病虫害

蚕豆主要的病虫害有：赤斑病、锈病、枯萎病、蚜虫、美洲斑潜蝇、蚕豆象。

赤斑病是由真菌感染引起的，发病初期，叶片产生赤色斑点，发病严重时植株变成黑色、枯腐，并生灰色霉。轻则减产三成，重者颗粒无收；锈病产生后，叶片干枯，籽粒不饱满，发病严重时，植株死亡；枯萎病发病后，导致植株矮小、烂根。

使用多菌灵或甲基托布津稀释液能够有效地控制赤斑病病情；使用粉锈宁或代森锌稀释液能够很好地防治锈病；使用多菌灵或国光根腐灵稀释液喷洒植株根部和茎叶效果很好。

防治蚜虫使用洗衣粉和尿素稀释液喷洒易用方便；美洲斑潜蝇使用斑潜净或阿维毒稀释液效果很好；使用速灭杀丁稀释液防治成虫，敌敌畏稀释液防治幼虫效果很好。

赤斑病

枯萎病

锈病

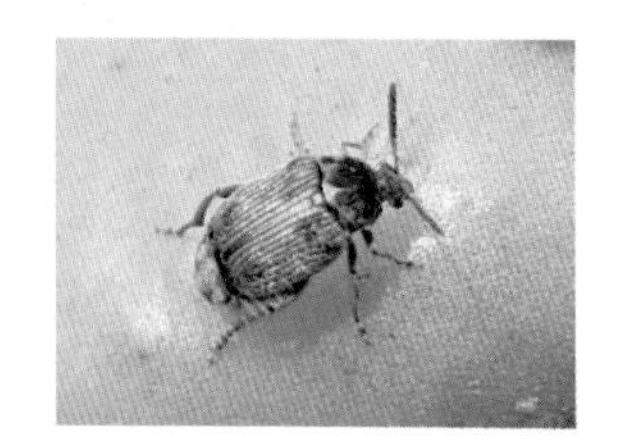

蚕豆象

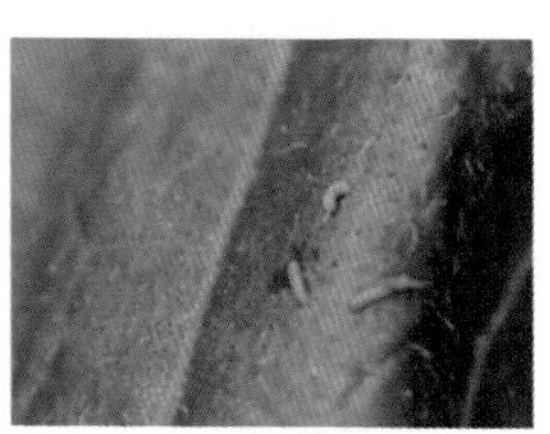

美洲斑潜蝇幼虫

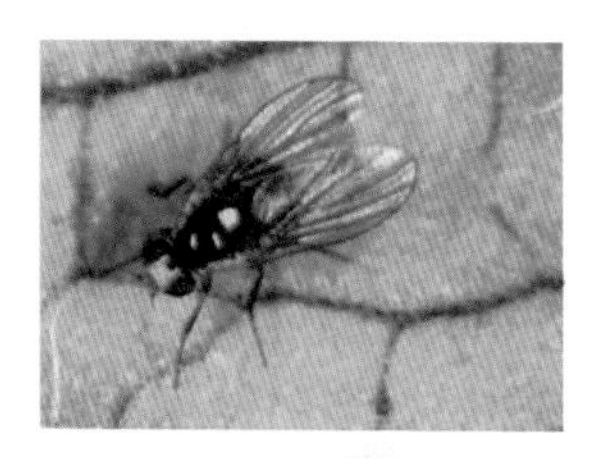

美洲斑潜蝇成虫

豇豆

豆科豇豆属

豇豆又名角豆、姜豆、带豆、挂豆角，为豆科豇豆属一年生缠绕、草质藤本或近直立草本植物。植物茎几乎无毛，叶片先端急尖，边全缘或近全缘，果实为圆筒形长荚果。

主要品种

豇豆依茎的生长习性可分为蔓生型和矮生型。

豇豆的果实

食用价值

豇豆对人身体健康有很好的辅助功效。具有健脾补肾功效，治脾胃虚弱、泻痢、吐逆、消渴、遗精、白带、白浊、小便频繁等症。

最佳播种时间

豇豆的最佳播种时间在3~5月。

准备材料

玻璃瓶、棉花、种子、花盆、培养土。

种植步骤

小贴士：

发芽适温25～30℃，播种时气温应在20℃以上，豇豆属于短日照作物，对日照要求不甚严格。豇豆生长期内，水分要充足，每隔1~2天浇一次透水，开花结果期施磷肥和钾肥为主。

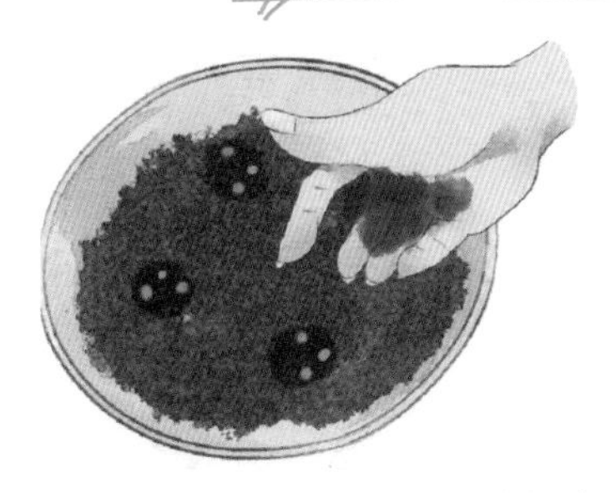

在花槽的土壤上挖出深度约2厘米、直径5厘米左右的种植洞。多株之间的间距为25～30厘米。

2 把种子放入播种洞，一个播种洞里放3粒种子，种子之间要有空隙。

在盆土表面覆盖一层培养土，厚度在2~3厘米为宜，然后用喷壶将盆土喷湿。

4 播种后3~5天的时间就会发芽。

小贴士：

长期浇水会使花槽里的土壤变硬，为了防止土壤过硬幼苗倒伏，要对土壤进行培土松软。

5 长出3~4片叶子时开始移栽定植。切记不能连根拔起，以免扯动其他两株株苗的根，影响其生长。

小贴士：

由于豇豆种苗属于藤蔓植物，所以需要在花盆里立支杆，用绳子或橡皮筋绕成“8”字形将支杆和幼苗轻轻绑在一起。当幼苗长到20厘米后就要追肥了，每株施肥10克轻轻洒在土壤上，每两周施肥一次。

当主蔓长出第一个花序时，花序以下的侧枝应全部摘除，花序以上的侧枝要进行摘心。

7 当植株的荚条长成粗细均匀、豆荚面豆粒处不鼓起，但是种子已经开始生长时，就到了收获的时候。收获时要小心采摘，不要伤到了藤蔓，最好在傍晚时摘收。收获后追加肥料，以后还可以继续收获哦。

小贴士：

豇豆常见的病害有：疫病、锈病、枯萎病、病毒病。

防治豇豆的疫病可选用抗病害的种子栽培，农药可选用甲霜灵锰锌可湿性粉剂混合生根清腐剂灌根效果很好。

防治锈病，可在发病初期喷施硫黄悬浮剂或固体石硫合剂或萎锈灵乳油2～3次，每隔10～15天一次；防治枯萎病可选用多菌灵可湿性粉剂混合生根清腐剂灌根或甲基硫菌灵可湿性粉剂喷施2～3次，一周一次；

防治病毒病可在发病前或发病初期，喷施植病灵Ⅱ号乳剂连续2～3次，每隔10天一次，效果很好。

韭菜

百合科葱属

韭菜又名丰本、草钟乳、起阳草、懒人菜、长生韭、壮阳草、扁菜等，为百合科葱属多年生草本植物。植株为弦线根的须根系，没有主侧根，叶片扁平带状，可分为宽叶和窄叶，锥形总苞包被的伞形花序。

主要品种

按食用部分可分为根韭、叶韭、花韭、叶花兼用韭四种类型。韭菜还可以培育出韭菜黄，其口感和营养价值也受到市场追捧。

韭菜黄

食用价值

韭菜的主要营养成分有维生素 C、维生素 B1、维生素 B2、尼克酸、胡萝卜素、碳水化合物及矿物质。

最佳播种时间

韭菜的最佳播种时间为3月。

准备材料

容器、种子、培养土、喷壶、剪刀。

> 小贴士：
>
> 韭菜性喜冷凉，耐寒也耐热，种子发芽适温为12℃以上，生长温度15~25℃，对土壤质地适应性强。

种植步骤

1 在容器中倒入适量培养土。

2 将韭菜的种子均匀地播撒在培养土上，但不要过于密集。

3 在盆土表面覆盖一层培养土，厚度宜控制为较薄。

4 覆盖上培养土后用喷壶将盆土喷湿。3~5天浇水一次，当幼苗长到10~15厘米高时，开始间苗，并施追肥。

小贴士:

夏季高温，要适当遮阴。冬季，可将盆移到封闭阳台内，盖上透明纱网，既可以预防盆栽韭菜虫害，还可起到保湿、保温的作用。

种植韭菜要保持土壤的湿润，韭菜非常强韧，抗病虫能力也很强，但土壤干燥会使叶子变得枯黄、多生油虫。全年都需要放置在半阴处进行培育，要在土壤干燥前充分浇水。

韭菜在播种 10 天之后便会发芽。发芽后要拔掉混杂的小苗，保持 3 厘米的间距。

距根部稍远的位置进行化肥的撒播。每次进行收获之后都要再施加化肥，保持植株的生长。

生长达到 20 厘米时就可以进行收获。用剪刀齐根进行剪断，不要完全切除根部，保留一段高度，进行培土和追肥使韭菜继续生长。

一段时间后叶子会继续生长出来，反复进入收获—追肥—培土，等待新芽的长出，可以持续收获。进入秋季会开出白色的花朵，开花后会使植株变得贫弱，要及时地摘除花茎。

小贴士:

韭菜怎么能种出韭菜黄呢？要让韭菜不接触阳光，便可以培育出韭菜黄。

韭菜收获之后保留 5 厘米左右的茎部，用纸箱等物品罩住使其不接触阳光。下次收获时便可以收获韭菜黄。要及时收获，不要拖延收获时机。

山药

薯蓣科薯蓣属

山药又名薯蓣、土薯、山薯蓣、怀山药、淮山、白山药，为薯蓣科薯蓣属多年生草本植物。植株呈圆柱形，弯曲而稍扁，表面光滑，呈黄白色或淡黄色。

主要品种

山药的品种很多，如铁棍山药、水山药、牛腿山药、棒山药等。

铁棍山药

食用价值

山药的营养成分以B族维生素、维生素C、维生素E和碳水化合物为主。

最佳播种时间

山药的最佳播种时间在春季。

准备材料

玻璃瓶、棉花、种子、花盆、培养土。

小贴士：

山药的种子不容易发芽，要先用水浸泡一夜再播种。

山药的适合栽培温度为20～25℃，发芽适合温度在20～25℃。

种植步骤

先在花盆的底部铺上一层钵底石，再往内加入培养土，加到约为盆深的一半。培养土间要混入适量的有机化肥，要充分浇水保持湿润。

在盆内挖出4个播种孔，撒播3～4粒种子，孔洞间隔为8厘米。

3

覆盖一层培养土，并用手掌轻轻按压。

发芽之前要保持土壤湿润，经常用喷壶浇水。

小贴士：

在植株出现芽间拥挤或者同一个位置有多个芽时，要进行间拔，间拔去只有一片叶子的芽。再对其他植株进行培土，保持植株的稳定。

在长出 3 ~ 4 片叶子时，再进行一次间拔，使一处仅有一棵植株。间拔下来的菜可以食用。在植株根部旁边扎出一个 5 厘米深的孔，往内补充有机化肥，补充完后要及时盖土。

当山药茎蔓长到 30 厘米长时，要进行搭架，并及时摘除气生茎。

当山药茎蔓长到 1 米左右时浇第一次水，7~10 天后浇第二次水。

小贴士：

山药属于喜温不耐寒、耐旱怕涝的蔬菜，应该少浇水，地下的块根膨大初期时，要保持土壤的湿润，不能干燥，以利于块根的膨大。在雨后必须及时地排水，否则会使植株感染病害，甚至导致减产。

在第二次或第三次浇水时进行第一次追肥，直到收获为止。

播种后一般 6 个月左右的时间收获，收获时，先清除支架和茎蔓，然后挖出山药即可。收获时动作要轻柔，不要损害根部。

山药的病害

山药的主要病害是炭疽病、斑纹病、黑斑病，虫害有蛴螬、蝼蛄、金针虫、甜菜夜蛾、茶黄螨等。

炭疽病主要危害叶片，6 月下旬至 7 月时的雨量越多，炭疽病发生情况就会越重。发病初期时，叶片上出现褐色不规则的小斑点，逐渐扩大，形成黑褐色圆形或椭圆形直至不规则形的大斑，病斑中部呈现灰色至灰白色，上面有不规则同心轮纹，病部容易破裂穿孔最后叶片脱落，严重时植株枯死。发病后用百克乳油或甲霜灵锰锌喷施，间隔 7 ~ 10 天使用一次，连续使用 2 ~ 3 次，在施药后 4 小时内下雨还要再补喷。

斑纹病的发病初期，会在叶面上出现黄色或黄白色的病斑，病斑扩大后呈现褐色的不规则形状，叶脉逐渐失绿呈透明状。在发病的后期病斑边缘微微凸起，中间有淡褐色，还生有小黑点，严重时导致叶片枯死，多发生在湿度大、多雨时期。发病初期用甲霜灵锰锌可湿性粉剂、炭疽福美可湿性粉剂喷施， 每隔 7 ~ 10 天一次，连喷 2 ~ 3 次，遇到下雨要及时补喷，收获前 10 天停止用药。

黑斑病是在块根染病，根的中上部先呈现出淡褐色小点，之后变成椭圆形深褐色病斑，逐渐扩展成连片染病，染病的组织会失水干缩，伴有深褐色丝状霉点。叶色变成淡绿，植株变得矮小，茎叶变黄导致提前枯死。及时清除染了病的残株，用辛硫磷乳油进行消毒。

对于山药的虫害，在 6 月下旬发病前，适宜用可杀得或福美双液，发病初期选用烯唑醇液、甲基托布津液喷施。轮流交替用药，一般喷药 4~6 次。防治蛴螬、蝼蛄、金针虫等用敌百虫原粉灌根或撒施辛硫磷毒土。防治甜菜夜蛾，要在卵孵化盛期至 3 龄幼虫期施药，用抑太保液或菜喜液。茶黄螨防治要在发生初期，用虫螨克或克螨特液。重点喷施山药上部，对于幼嫩叶背和嫩茎要格外注意。

小贴士：

山药发芽出苗期如果遇上下雨，很容易造成土壤板结，影响植株正常出苗，这时要立即松土破板。在每次浇水和降水后，都要进行浅耕，以保持土壤的良好通透性，促进块茎的膨大。

要及时进行除草。在植株出苗前，用地落胺或乙草胺进行土壤封闭性除草。出苗后，可用盖草能或威霸防除各种杂草。

山药发生病害要及时处理

荠菜

十字花科荠属

荠菜又名盖菜、芥、挂菜、大头菜等，为十字花科荠属一年或二年生草本植物。植株茎直立，单一或从下部分枝，基生叶丛生呈莲座状，叶片长圆形至卵形，顶端渐尖，叶片边缘具有浅裂或有不规则粗锯齿。

主要品种

荠菜的品种主要有散叶荠菜、板叶荠菜等。

食用价值

荠菜中含有多种氨基酸，同时荠菜是高纤维蔬菜。此外，荠菜中还含有胆碱、乙酸胆碱、芥菜碱、黄酮类等成分。

最佳播种时间

荠菜的最佳播种时间在2月下旬至4月下旬。

> 小贴士：
>
> 荠菜属于耐寒性作物，种子发芽适温为20~25℃，生长适温为12~22℃，对土壤要求不是很严格。

准备材料

容器、种子、颗粒土、培养土、喷壶、剪刀。

种植步骤

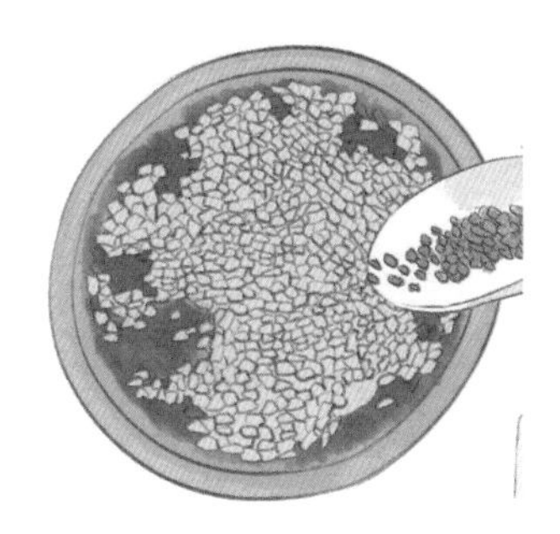

1 在容器底部铺一层颗粒土，再倒入培养土，高度以距离容器上沿3~5厘米为宜。

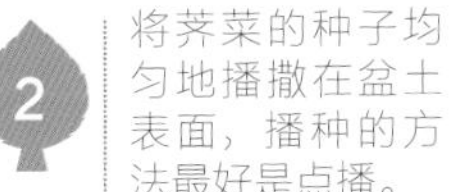

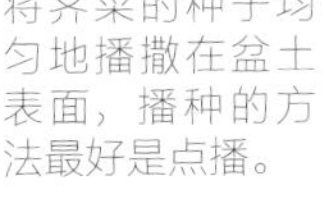

2 将荠菜的种子均匀地播撒在盆土表面，播种的方法最好是点播。

3 播种后再覆盖一层培养土。

4 用手掌轻轻按压，再用喷水壶喷一次水，放到通风环境中即可。

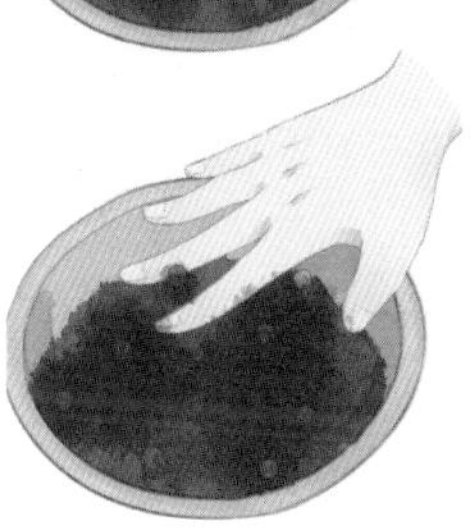

5 当植物长出2~3片叶时，对于拥挤的地方开始间苗，间苗后及时补充培养土。

6 荠菜播种后一般30~50天即可收获，每次不要全部摘完，可实现多次收获。

南瓜又名倭瓜、番瓜、饭瓜、番南瓜、北瓜，为葫芦科南瓜属一年生蔓生草本植物。植株叶片宽卵形或卵圆形，上面密被黄白色刚毛和茸毛，果梗粗壮，瓜蒂扩大成喇叭状，种子长卵形或长圆形。

主要品种

南瓜的品种主要有蜜本南瓜、黄狼南瓜、牛腿南瓜、蛇南瓜等。

食用价值

南瓜中含有类胡萝卜素、氨基酸、果胶、多糖类、矿质元素等多种营养物质。

南瓜子

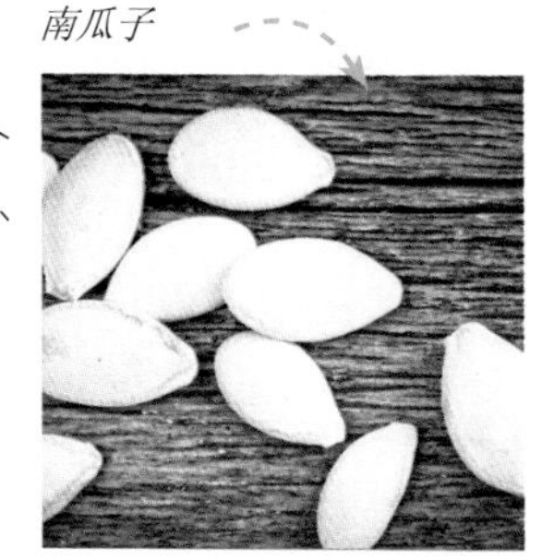

最佳播种时间

南瓜的最佳播种时间在春季。

小贴士：

南瓜的种子，要选择颗粒比较大、形态饱满、没有伤痕、完整的种子。

小南瓜适合春季种植，栽培温度为 25℃左右，发芽温度为 20 ~ 25℃。

准备材料

容器、种子、培养土、喷壶、剪刀、支架、包胶铁丝。

种植步骤

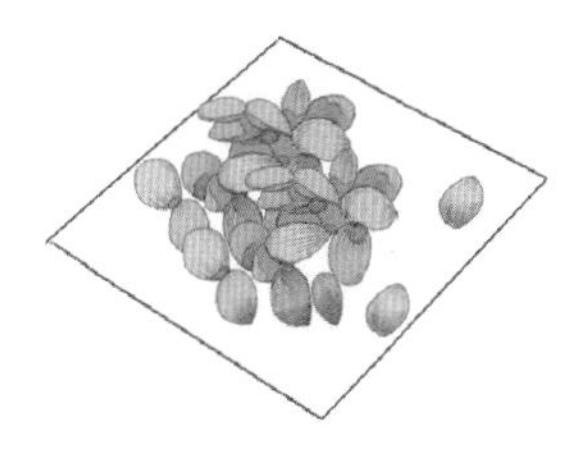

1 将南瓜的种子用清水洗净，然后放置在干燥通风的地方晾干。

2 选择饱满无伤痕的种子进行播种，先在盆中土上挖几个小坑。

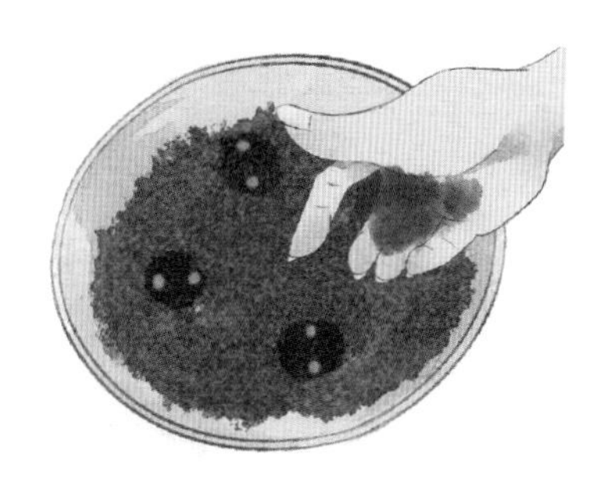

3 每个坑中拨入 3~4 粒种子，播种后继续覆盖一层培养土。

4 用喷壶慢慢浇一次水。

小贴士：

南瓜的根系发达，耐抗旱，对水的要求不高，土壤里含水量达到 14% 就足以生长。

最初的果实慢慢长大时，需要吸收更多的养分，这个时候就要施肥了，一次 10 克左右洒在土壤上，以后每两周追肥一次。如果果实较大，可以用布或塑料绳轻轻在果实的下部托着，避免压坏植株枝干。要把果实放置在阳光充足的地方生长，并控制浇水，以增加果实的甜度，令果实更加美味。

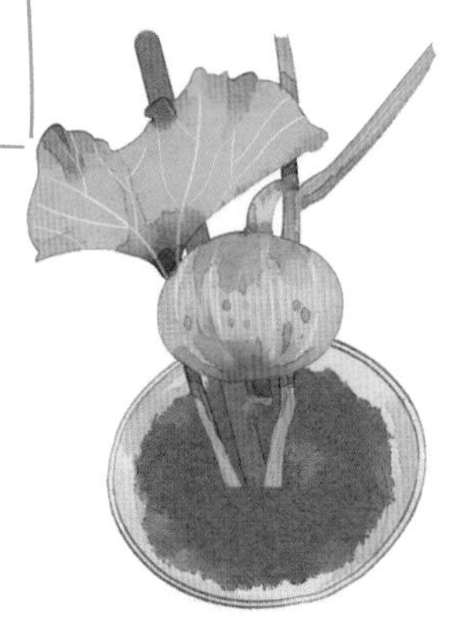

播种后一周左右就会发芽，发芽后盆中只留一棵最强壮的芽，其他的芽可以移栽到别处。当植物长到 30~50 厘米高时，需要搭支架，并将瓜蔓绑在支架上。由于南瓜体形重量较大，因此要多设立几根支架。

南瓜既可以在嫩嫩的时候摘取，也可以等到变黄熟透的时候收获，老南瓜的籽可以用于来年继续播种。

南瓜的病虫害

南瓜的种植会因为气候和管理不当引起病虫害，危害高时可减产 60% 左右。常见病有蚜虫、红叶螨、细菌性缘枯病。

防治蚜虫可用蚜虱净稀释溶液喷洒在植株上，防止红叶螨可以使用克螨特或扫螨净，使用灭扫利乳油稀释液防止蚜虫和红叶螨效果很好。

南瓜的细菌性缘枯病，主要危害叶片，初时产生水渍状斑点，最后变成浅褐色，当发病到褐色大斑，叶片会枯死。预防得从种子抓起，播种前选择耐病品种，种子应在 50℃以上的恒温下灭菌，并在生长期及时清除病叶。

小贴士：

南瓜刚收获时表皮的颜色还是青黄交接，选择一个通风、光照好的地方存储一周左右，可以增加它的甜味，吃起来更美味。完整的小南瓜可以存放 1～2 个月，味道和营养不会发生变化。

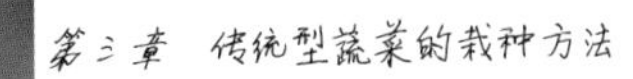

四季豆

豆科菜豆属

四季豆又名菜豆、架豆、芸豆、刀豆、芸扁豆，为豆科菜豆属一年生草本植物。植株根系较发达，茎蔓生、半蔓生或矮生，叶片互生，阔卵形或菱状卵形，总状花序腋生，种子球形或矩圆形。

主要品种

四季豆的品种主要有白花四季豆、芸丰、花皮菜豆等。

食用价值

四季豆有益于心脏，其含有可溶性纤维可降低胆固醇，还富含维生素、微量元素钾、镁等，能很好地稳定血压，减轻心脏负担。

最佳播种时间

四季豆的最佳播种时间在2~4月或8~9月。

小贴士：

四季豆适合春季种植，栽培温度为20～25℃，发芽温度为20～30℃。四季豆既不耐湿，也不耐寒，始终保持土壤湿润最好，土壤干燥时就浇水，直到渗透土壤。

准备材料

容器、种子、颗粒土、培养土、喷壶、剪刀、薄膜、支架。

种植步骤

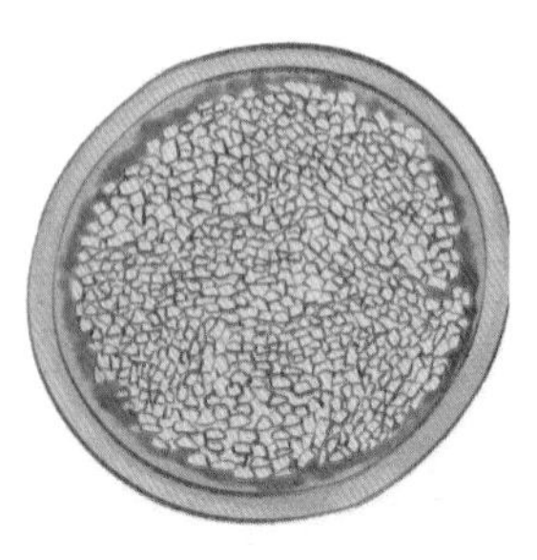

1 在花槽底部排水孔上盖好防虫网，放入约2厘米厚的钵底石。

2 将有机培养土壤填之距花槽上端约2厘米处，用洒水壶浇透土壤。

3 在盆土表面挖几个小坑。

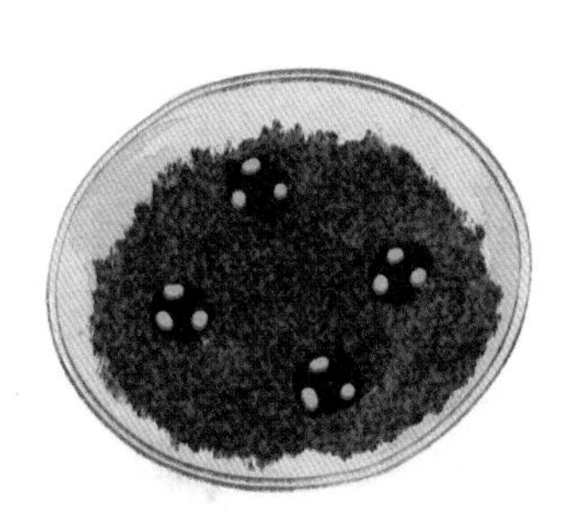

4 在花槽的土壤上挖出深3厘米左右的播种洞，洞中放入3～4颗种子，种子应该侧卧放置。多株种植之间间距应为20厘米左右。用土壤把播种洞填满，再将表面抚平，放置阴凉处生长3～5天。

浇一次透水，发芽前保持盆土湿润。

天气太干燥时可以在表面覆盖一层薄膜。

开花前一般不干不浇，开花至结荚期一般每两天浇水一次，生长前期施 2 ~ 3 次追肥，开花至结荚期，每 1 ~ 2 周喷施一次腐熟的有机肥。

矮生品种无需设立支架，蔓生品种可在株高达到 15 ~ 20 厘米时设立支架。

花谢后约 10 天，豆荚长约 10 厘米即可收获，收获时将豆荚掐下即可，注意不要拽断茎蔓。

四季豆的病虫害

四季豆常见的病虫害有炭疽病、锈病、枯萎病、蚜虫、小地老虎、豆野螟等。

炭疽病对四季豆的茎、叶和豆荚都会造成危害，在天气凉爽和多雨潮湿气候发病最重。药物防治时，可在发病初期喷洒百菌清、代森锰锌、达科宁世高等交替使用，连续防治 2 ~ 3 次，一周一次。

四季豆的锈病主要危害植株的叶片。高温、涝害的情况下容易暴发。药物防治时，可在发病初期选用粉锈宁、萎锈灵连续喷洒 3 次，一周一次。

四季豆的枯萎病主要在植株苗期和开花期发生。植株苗期的枯萎病又叫做根腐病，主要危害四季豆的根部和茎部；另一类植株发病时在开花结荚期，会导致植株的枯萎、死亡。药物防治时，可喷洒扑海因、速克灵等农药，连续 2 ~ 3 次，一周一次。

四季豆的蚜虫在植株高温干旱时易发生，对植株的嫩芽和嫩茎都会有危害。药物防治时，可使用杀虫素乳油、一遍净等农药喷施植株的叶背，效果很好。

四季豆的小地老虎害虫主要发生在植株的苗期。防治的方法可以选在晴天傍晚时人工捕捉，也可以喷施地虫杀星、农地乐或功夫菊酯等农药进行灌根，效果很好。

丝瓜

葫芦科丝瓜属

丝瓜又名胜瓜、菜瓜，为葫芦科丝瓜属一年生攀援葫芦科草本植物。植株茎、枝粗糙，单叶互生，叶片三角形或近圆形，边缘有波状浅齿，总状花序腋生，果实短圆柱形或长棒形，种子椭圆形。

主要品种

丝瓜根据是否有棱可分为棱丝瓜和普通丝瓜（水瓜）两种。

食用价值

丝瓜的营养价值很高，富含蛋白质、脂肪、碳水化合物、粗纤维、钙、磷、铁、瓜氨酸以及核黄素等 B 族维生素、维生素 C、皂苷等。

丝瓜汁还有“美容水”之誉。对于很多女性朋友们来说，丝瓜汁搽脸能使皮肤光滑、细腻，具有抗皱消炎，预防、消除黑色素等神奇功效。

最佳播种时间

丝瓜的最佳播种时间在5~6月。

准备材料

容器、种子、培养土、喷壶、剪刀。

小贴士：

丝瓜是喜温耐热的蔬菜，不耐寒，种子发芽适宜温度为25~28℃，30℃以上时发芽迅速，生长适宜温度为20~30℃。

丝瓜是适应性较强、对土壤要求不严格的蔬菜作物，在各类土壤中都能栽培。

种植步骤

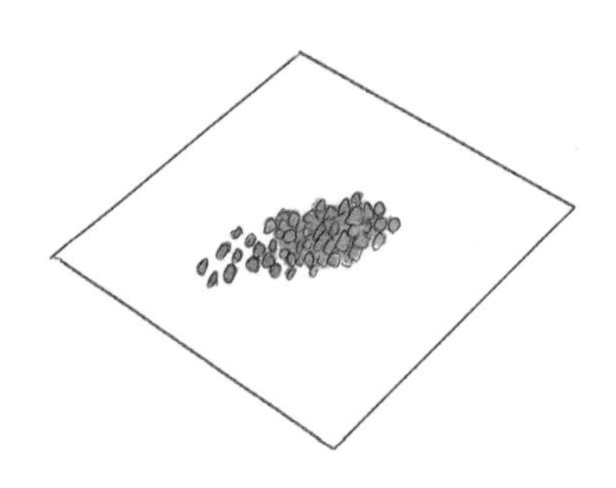

将丝瓜的种子用清水洗净，然后放置在干燥通风的地方晾干。

将种子均匀撒播在培养土上。

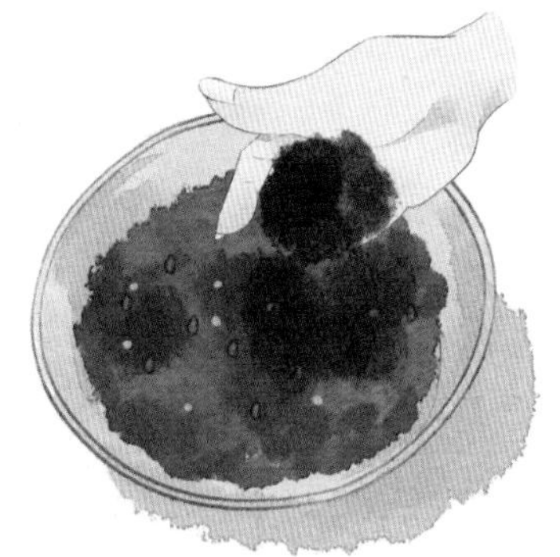

覆盖一层培养土，厚度以1~2厘米为宜。

用手轻轻压实土壤，充分浇水，渗透土壤，放置通风阴凉处生长。

小贴士：

丝瓜长到 15 ~ 17 厘米时收获最佳。丝瓜要趁早收获，一旦过了最佳收获期，果实里面种子会慢慢增多，果实会慢慢变硬。

温度适宜的条件下，5~6 天即可出苗，当长出 3~4 片真叶时即可移栽定植。

丝瓜前期生长速度可能比较慢，后期温度适宜，施肥得当的话，生长速度加快，很容易开花结果。

植株开花。丝瓜的蜜腺发达，会吸引很多虫蝶，所以不需要进行人工授粉。果实在雌花的根部长出，花朵凋谢后，果实开始膨胀，记得不要忘记追肥。

播种后 4~5 个月的时间收获，收获要及时，不能过晚，否则纤维增多，瓜质老化，严重影响品质和口感。

木耳菜

菊科菊三七属

木耳菜又名潺菜、落葵、豆腐菜、紫角叶，为菊科菊三七属多年生草本植物。植株肉质茎多分枝，下半部平卧，上半部直立，叶片倒卵形、长圆状椭圆形、椭圆形或长圆状披针形，头状花序，果实圆柱形。

主要品种

宜选用优质、高产、抗病的红梗木耳菜、青梗木耳菜等优良木耳菜品种。

食用价值

木耳菜中含有多种维生素和钙、铁等营养物质，有滑肠、散热等功效。

最佳播种时间

木耳菜的最佳播种时间在 3~5 月。

准备材料

容器、种子、培养土、喷壶、剪刀、支架、包胶铁丝。

小贴士：
适合的发芽温度为 25～28℃，生长的适宜温度为23～33℃。

播种之后至发芽之前都要每天浇水两次，之后每天一次，气温偏高时要经常检查土壤干燥度，若干燥就要在夜间多浇水一次。

种植步骤

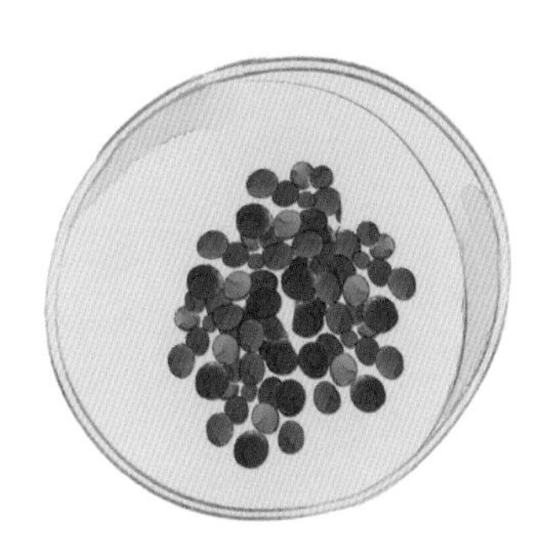

1 先让种子在 35℃的温水中浸泡 1~2 天，再放在 25~30℃的环境下催芽 4 天左右，当种子“露白”即可播种。

2 在容器中倒入培养土。

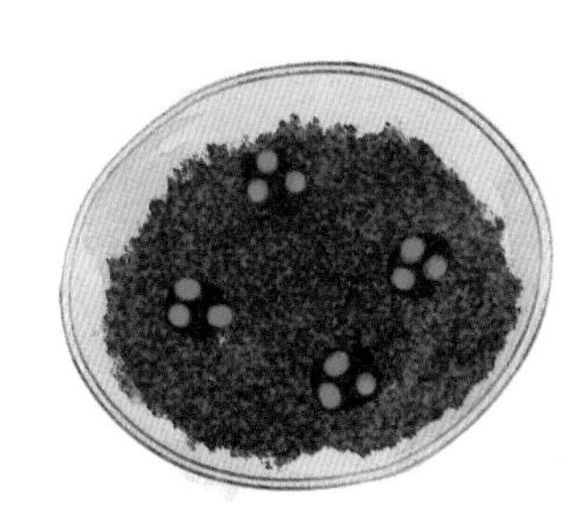

3 在盆土上挖几个洞。

4 每个洞中拨入 3~4 粒木耳菜的种子。

小贴士：

播种一周后，当气温保持在30℃左右时，种子需5～6天就可以发芽，但是因为其外壳比较坚硬，如果幼苗顶部有种壳可以用手轻轻除去，以免影响植物生长。

10天之后，幼苗就会基本出土，此时要将间苗和除草一起进行，将长势不好的苗和杂草去除。间隔为3厘米，施加氮肥一次即可。

播种后在盆土表面再覆盖一层培养土，并浇一次足水，发芽前保持土壤湿润。

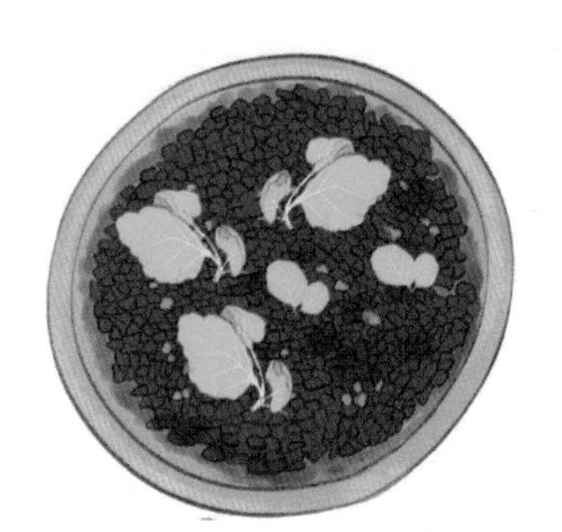

当植物长出2~3片真叶时，对于拥挤的地方开始间苗，间苗后及时补充培养土并施追肥。

当植株长出4～5片真叶时移栽定植，一般每盆只留2～3株。

木耳菜播种后1~2个月的时间即可收获，尽量及时收获，以使植株可以继续生长，长出新叶。

小贴士：

木耳菜培育注意点有哪些？

植株长到 20 ～ 30 厘米时，要设立支杆，沿着盆的边缘均匀插入 3 ～ 5 条竹竿，上部靠拢后用绳子绑在一起，然后牵引藤蔓攀爬。

木耳菜比较耐湿，但不能长期积水。要经常浇水保持湿润，春季 3 ～ 5 天浇水一次，夏、秋季 2 ～ 3 天浇水一次。

基肥充足时在保证水分和光照正常的情况下可以正常生长，不需要再施肥。但基肥不足的情况下，一般可每两周施肥一次。或者在采收后施肥，随着生长而逐渐增加施肥量，注意适当添加氮肥，促进枝叶的生长。

采摘前一周不能施肥或喷药，采摘叶片食用时要适当地摘除顶芽，促进侧芽萌发。如果不需要留种，就要及时将花芽抹去。

木耳菜的病虫害

木耳菜病害主要是褐斑病，又叫做鱼眼病，幼苗到收获结束时都有可能受到危害，主要危害部位是叶片。病害的叶片初期有紫红色水浸状小圆点，会凹陷，然后病害部位逐渐扩大。严重时病斑会达到百余个，互相汇合成大病斑引起叶片早衰。可以用福尔马林处理种子 0.5 ～ 1 小时，消除种子带的菌；高温高湿等气候时用波尔多液喷雾保护；发病初期用代森锌可湿性粉剂喷施，每 7 ～ 10 天一次，连续 2 ～ 4 次。

发生斜纹夜蛾虫啃噬，使嫩叶尖出现许多小眼时，用菊酯类杀虫剂在虫龄 1 ～ 2 龄（即幼虫时期）时喷洒一次即可。

绿豆

豆科豇豆属

绿豆又名青小豆、菉豆、植豆，为豆科豇豆属一年生直立草本植物。植株茎被褐色长硬毛，叶片先端渐尖，基部阔楔形或浑圆，总状花序腋生，果实线状圆柱形。

主要品种

绿豆的主要品种包括绿豆、毛绿豆、混合绿豆等。

食用价值

绿豆中含蛋白质、脂肪、碳水化合物、钙、磷、铁，以及维生素 A、B、C 等有效成分。

最佳播种时间

绿豆的最佳播种时间在春夏季节。

准备材料

容器、种子、茶杯、培养土、喷壶、剪刀。

小贴士：

绿豆适合春季种植，栽培温度为 23 ～ 28℃，发芽温度为 25 ～ 30℃。

挑选绿豆的时候一定要注意挑选无霉烂、无虫口、无变质的绿豆，新鲜的绿豆应是鲜绿色的，老的绿豆颜色会发黄。

种植步骤

1 把选好的种子提前一天用水浸泡，这样有利于种子发芽。在花盆中央的位置挖出一个直径 4 厘米左右的洞，将 3 ～ 4 颗种子放进小洞中后填土抚平土壤，大量浇水直到渗透土壤。

2 播种两周后，当幼苗的母叶有两片左右时，将长势较弱的一株幼苗剪去，留下两株长势较好的。播种 3 周后，株苗处于快速生长期，要进行追肥一次，花开后再施肥一次，一株株苗施肥 5 克左右。适当地浇水培土。

3 豆荚成熟后由绿色慢慢变为黑褐色，当 90% 的豆荚都变为黑褐色时，就可以连根拔起收获了，收获后日晒 2 ～ 3 天豆荚脱粒，脱出来的颗粒就是绿豆了。

小贴士：

因为鸟类喜欢啄食豆科植物，所以要用防虫网盖在花盆上防止鸟啄食种子，并把花盆放在阴凉处。

绿豆汤有清热解毒、止渴消暑的功效。但是体质虚寒的人不能频繁地喝绿豆汤，不然会导致腹泻或致使消化系统免疫力降低哦。

菊苣

菊科菊苣属

菊苣又名苦苣、苦菜、卡斯尼、皱叶苦苣、明目菜、咖啡萝卜、咖啡草，为菊科菊苣属多年生草本植物。植株肉质根短粗，茎直立，叶片互生，倒披针状长椭圆形，头状花序多单生，舌状小花蓝色。

主要品种

菊苣的主要品种包括软化菊苣和结球菊苣等。

食用价值

菊苣具有清热解毒、利尿消肿、健胃等功效。

最佳播种时间

菊苣的最佳播种时间在9月。

小贴士：

春播时间在2～3月，秋播则在9月。栽培温度15～20℃，发芽温度15～20℃。

准备材料

容器、种子、培养土、喷壶、剪刀。

种植步骤

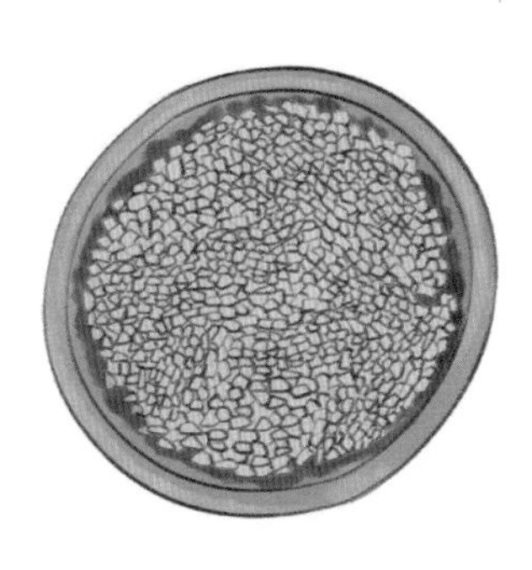

1 在容器的底部铺一层颗粒土。

2 然后将培养土倒入容器中至七分满处。

3 将菊苣的种子均匀地播撒在盆土表面。

4 覆盖一层薄薄的培养土。

小贴士：

移植大盆后约一个月就可以进行收获，要从最外层的叶片开始逐层地进行采摘，直至看到中心的球茎时，就不可以继续采摘了。等到球茎长大之后，便可拔出整株植株。

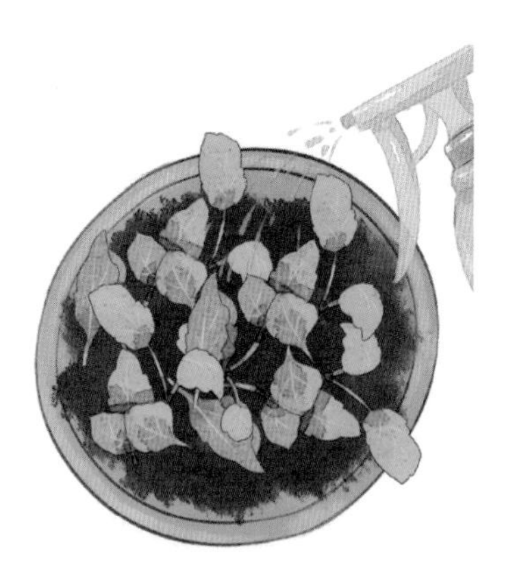

每天浇水一次，气温较高时土壤如果出现干燥现象，在晚间多加一次浇水。育苗期间要用喷壶浇透至幼苗的根部。

当植物长出 7 ~ 9 片叶时移栽定植，并保持一定的株距，定植后浇一次透水。一般不需要施肥，如果生长过于缓慢的话，可以施一些有机肥料。

播种后大约 3 个月的时间即可收获。菊苣为药食两用植物，叶可调制生菜，根可以药用。

当植物长出 2 ~ 3 片叶时第一次间苗，长出 4 ~ 5 片叶时第二次间苗。顺便再加些土壤。

菊苣的病虫害

菊苣的霜霉病在春末和秋季发生最普遍，发病初期会在叶面形成浅黄色接近圆形或者多角形的病斑，空气潮湿时，叶背会产生霜状霉层，甚至会蔓延到叶面。后期病斑连片，呈黄褐色，严重时全部外叶会枯黄死亡。注意雨天的水分不宜过多，选用百菌清粉尘剂，隔 10 ~ 15 天喷一次。

腐烂病是菊苣生长中最常见的病害，腐烂病一般从植株的基部叶柄或者根茎开始侵染，刚开始时呈水浸状黄褐色斑，逐渐由叶柄向叶面扩展，由根茎或基部叶柄向上发展蔓延。空气潮湿时，植株基部变成软腐状，根基部或叶柄基部产生稀疏的蛛丝状菌丝。空气干燥时，植株呈褐色，会枯死、萎缩。

另外一种腐烂类型，大多从植株基部伤口开始腐烂。起初呈浸润半透明状，然后会从病部扩大，成为水浸状，充满浅灰褐色黏稠物，发出恶臭气味。多雨时节要注意排水，及早地拔除病株，可选用甲基托布津可湿性粉剂喷洒植株的基部。

小贴士：

菊苣为什么会发育迟缓，而且长势不好？

菊苣的叶片宽大，因此不能密集栽培，应尽量选择每盆栽植一株的方式，否则会影响长势。

牛皮菜

藜科甜菜属

牛皮菜又名厚皮菜、猪乸菜、海白菜、莙达菜等，为藜科甜菜属二年生草本植物。植株茎短，叶片肥厚，形似芭蕉扇，叶色绿色，叶柄及叶脉明显而色白。

主要品种

牛皮菜根据叶柄颜色的不同，可分白梗、青梗和红梗三类。

食用价值

牛皮菜富含还原糖、粗蛋白、纤维素、维生素 C 以及钾、钙、铁等微量元素。

最佳播种时间

牛皮菜的最佳播种时间在 4 月左右。

小贴士：

适合的发芽温度为 15℃，生长适宜的温度为 15 ~ 25℃。

准备材料

容器、种子、培养土、喷壶、剪刀。

种植步骤

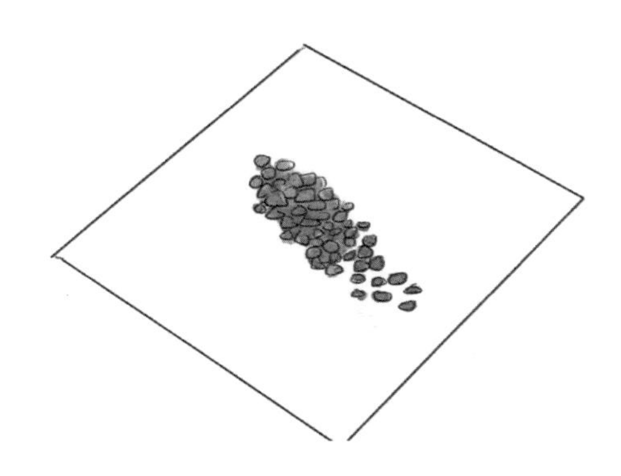

由于牛皮菜种子的外壳很厚，不容易发芽，牛皮菜在播种之前要先浸泡 24 小时。

冷水中浸泡 24 小时，最后捞出晾干。

牛皮菜的根系发育比较弱，因此种植的培养土要疏松。

在容器中倒入培养土，将晾干的种子均匀地播撒在盆土表面。

5 因为对水肥要求较高，喜排灌良好的肥沃土壤，所以可以覆盖一层肥沃的培养土。

6 用手掌轻轻按压，使种子与培养土紧密接触，然后浇一次足水。

7 土壤干燥就要进行浇水，直至花盆底部流出水即可。要保持土壤的湿润直至发芽。发芽后不能浇水过多。

8 当植物长出 2~3 片真叶时，对于拥挤的地方开始间苗，间苗后及时补充培养土并施追肥。

9 当植物长出 4~6 片真叶时进行定植，并维持株距在 20~30 厘米。定植后 30~40 天的时间即可收获，收获时每次剥叶 3 ~ 5 片，留 4 ~ 5 片继续生长。

青梗菜

十字花科芸薹属

青梗菜又名小棠菜，为十字花科芸薹属一年生或二年生草本植物。植株形似小白菜，但株形比小白菜略小，口感基本与小白菜一致。叶面光滑，全缘，叶片绿色，广卵圆形。

主要品种

栽培青梗菜时建议选择生长周期短、抗病能力强的品种。

食用价值

青梗菜中含有碳水化合物、蛋白质、维生素、纤维素及其他矿物质。

最佳播种时间

青梗菜的播种全年都能进行。

准备材料

容器、种子、培养土、喷壶、剪刀。

小贴士：

青梗菜耐热，耐寒，耐虫，发芽适温为15~25℃，盆土一般用菜园土、腐叶土加有机肥按一定比例混配。

青梗菜根系浅，吸收能力较弱，生长期间应不断供给肥水，要轻浇、勤浇，保持土壤湿润。

种植步骤

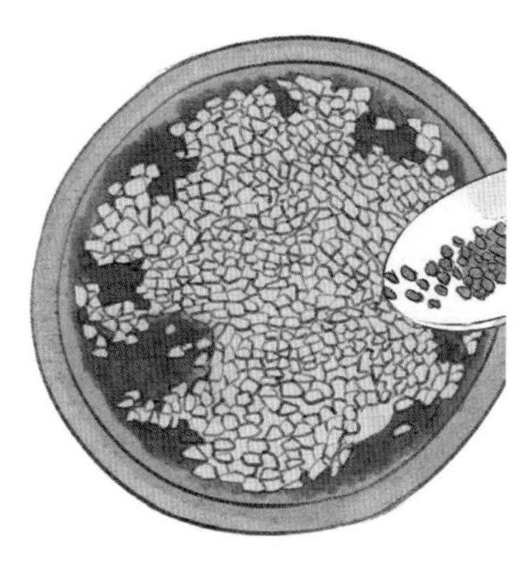

1 在容器的底部铺一层颗粒土，然后将培养土倒入容器中至七分满处。

2 将青梗菜的种子均匀地播撒在盆土表面。

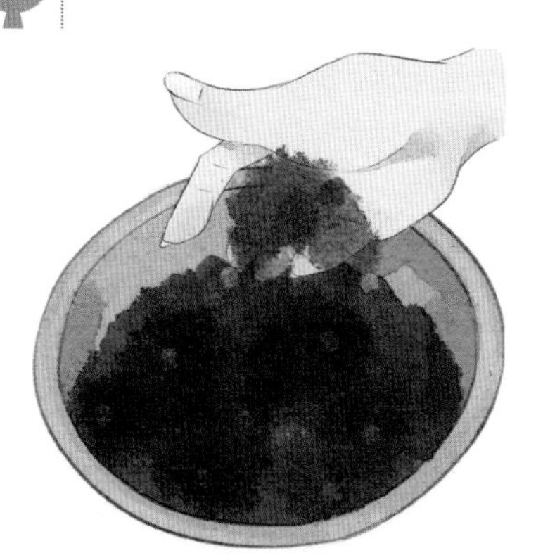

3 再覆盖一层薄薄的培养土。

4 手掌稍稍压紧。

小贴士:

第一次间苗是在苗都长出的时候，间苗后使得苗之间的距离约为3厘米，然后进行培土，防止菜苗倒下。第2次间苗是在长出3～4片时，间距为5～6厘米，然后在两排植株之间施肥10克，与土混合，再进行培土。最后一次间苗是在菜株的底部变粗壮时，间距为15厘米左右，再一次往植株间施肥10克，与土混合，然后培土。

5 播种之后至发芽之前土壤都不能干燥，要及时浇水。浇水时要注意不要冲走种子。

6 当植物长出2~3片真叶时，对于拥挤的地方开始间苗。

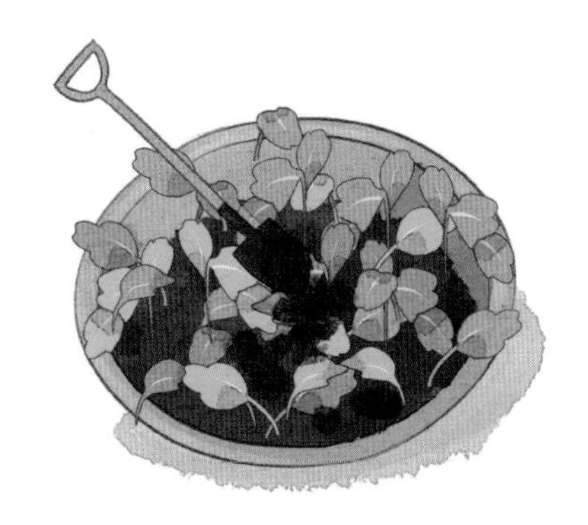

7 间苗后及时补充培养土并施追肥。

8 青梗菜播种后6周就会长到15厘米左右，便可以收获，从底部用剪刀进行剪取，注意收获的时间不要太晚。青梗菜搁置的时间不要太久，要尽早食用完，无法食用完的要用保鲜膜包好，放进冰箱保存。

青梗菜的病虫害

青梗菜的主要害虫有蚜虫、菜青虫、小菜蛾。防治蚜虫，可以使用爱卡士倍液或辟蚜雾液喷雾，还可以用黄色黏虫板诱杀。防治菜青虫、小菜蛾，可以喷菜喜液或菜虫一扫光液。

病害则要重点防治霜霉病、黑斑病和炭疽病。对于霜霉病，一般用生物防治法，用尖辣椒、生姜和大蒜各 250 克（汁液）兑水 50 千克喷雾；也可以用百菌清可湿性粉剂防治；黑斑病的发病初期用多菌灵可湿性粉剂液喷雾防治；炭疽病发病初期用甲基托布津可湿性粉剂喷雾。

小贴士：
种植青梗菜要注意，它的抗寒、抗暑性都很强，除了冬季较冷的时节，其他时间都可以进行栽种。由于青梗菜不耐旱，因此要勤于浇水。青梗菜容易受虫灾，要格外注意病虫，而且其生长速度快，要及时收获，不要错过最佳的收获时机。

第四章

创新型蔬菜的栽植方法

香椿芽苗菜

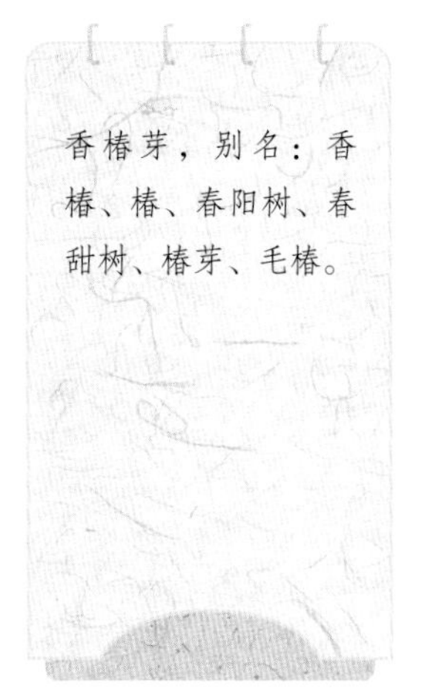

香椿芽，别名：香椿、椿、春阳树、春甜树、椿芽、毛椿。

食用价值

香椿幼芽嫩叶芳香可口，供蔬食。香椿芽每 100 克鲜嫩茎叶中含水分约 84 克、蛋白质 9.8 克左右、维生素 C 58 毫克及钙、磷、维生素 A、维生素 B1、维生素 B2 等，并具芳香气味。另外，香椿芽还具有清热利湿、利尿解毒之功效，是辅助治疗肠炎、痢疾、泌尿系统感染的良药。

烹饪方法

香椿苗芽菜的营养丰富，其富含丰富的维生素 C、蛋白质、氨基酸、膳食纤维及多种微量元素，其中维生素 C 的含量非常高，比苹果还要高 20 倍，且其属于纯绿色无公害食品。多用于炒菜或凉拌。

最佳播种时间

四季均可播种（春夏季节最佳）。

准备材料

容器、种子、颗粒石、培养土、陶粒、筛子、报纸、喷壶、镊子、小铲子。

小贴士：

栽培时要防止环境过于闷热，发芽前要保持湿润，并注意通风，培养土以肥沃、疏松、排水性良好的沙质土壤为宜。

种植步骤

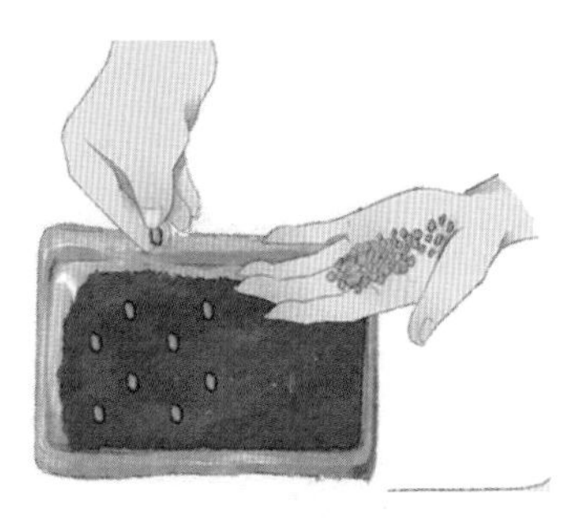

如果是用花盆栽种，先在盆底铺一层颗粒石，再倒入含有基肥的培养土，将种子均匀地播撒在盆土上，并用手掌轻轻地按压，发芽前保持土壤湿润。

播种后一般两周的时间长出叶子，对于拥挤的位置要逐渐间苗，并施追肥，保持通风的环境，当株高达到 10 厘米左右时即可收获。

香椿芽苗菜还可以用溶液栽培，先在容器内放一个筛子，筛子内装入陶粒，再倒入培养液，高度以刚好浸过筛子为宜。

建议采用透明的容器，这样既方便掌握浇水量，也可以观察植物的生长过程。

小贴士：

倒入的培养液应占容器容积的五分之一左右，可以根据不同的需要，决定直接使用培养液还是稀释后的培养液。如果容器中的培养液过多，幼芽的生命力就会变弱。

5 栽培过程中需要充足的光照。

6 将种子均匀地播撒在容器内，注意不要重叠，然后在容器上盖一层报纸，用喷壶将其喷湿，发芽前要保持种子的湿润。

7 一般播种后 4~5 天就会发芽，发芽后即可拿掉报纸，等介质干燥时，要持续加水。

8 一般播种后大约一个月的时间即可收获，或者以植株高度达到 15~20 厘米为标准，收获时用剪刀从根部向上的 2~3 节位置剪断。

黄豆芽又称金灿如意菜，古称豆卷、大豆卷、黄卷皮等。

食用价值

黄豆芽是一种营养丰富、味道鲜美的蔬菜，是较多的蛋白质和维生素的来源，具有清热明目、补气养血、防止牙龈出血、心血管硬化及降低胆固醇等功效。春天是维生素 B2 缺乏症的多发季节，春天多吃些黄豆芽可以有效地防治维生素 B2 缺乏症。豆芽中所含的维生素 E 能保护皮肤和毛细血管，防止动脉硬化，防治老年高血压。

烹饪方法

黄豆芽热量较低，水分和膳食纤维较高。豆类发芽时在种子内部贮存的部分淀粉和蛋白质在酶的作用下分解，转化成自身生长所需的糖类和氨基酸，使豆类中的淀粉和蛋白质利用率大大提高。需要注意的是，在烹调黄豆芽时切不可加碱，要加少量食醋，这样才能保持维生素 B2 不减少。烹调过程要迅速，或用油急速快炒，或用沸水略汆后立刻取出调味食用。

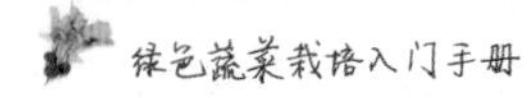

最佳播种时间

只要温度适宜，全年均可进行。

准备材料

容器、种子、棉花、喷壶。

种植步骤

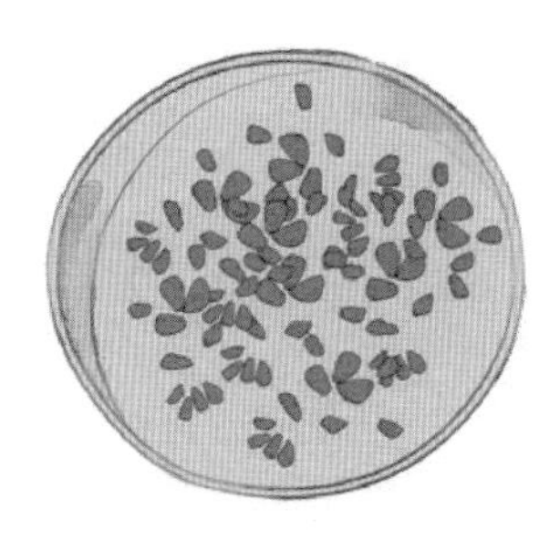

1 准备一个干净的容器，放入充分浸湿的棉花，然后播撒黄豆的种子，并用喷壶将种子喷湿，播种后置于背光处，保持空气流通。

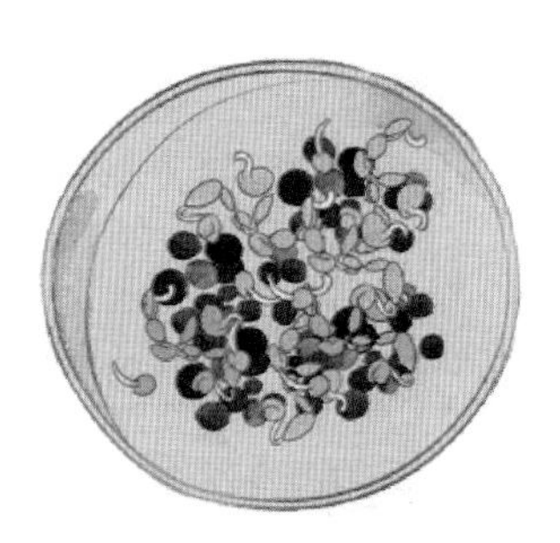

2 播种后 2~3 天就会发芽此时仍不能接受光照，并注意经常对植物进行喷水，保持湿润的环境。

小贴士：

黄豆芽适宜胃中积热者食用；适宜妇女妊娠高血压者食用；适宜矽肺患者食用；适宜肥胖症患者食用；适宜便秘，痔疮，患者食用；适宜癌症病人及癫痫患者食用。

黄豆芽性寒，慢性腹泻及脾胃虚寒者忌食。

3 在植物生根前，要一直摆放在背光的地方，上图为已经发芽的幼芽菜的种子。

小贴士：

黄豆芽理想的栽培温度为 15~25℃，种子要选择没经过消毒的天然种子，栽培过程中要保持介质的湿润。

当植物生根后，开始向容器中加水，并每天换水一次，换水时需要将容器中的水全部倒干净，否则容易发臭。

5 保持湿润和背光的环境，植物很快会长出双子叶，此时可以让植物接受 2~3 天的光照。

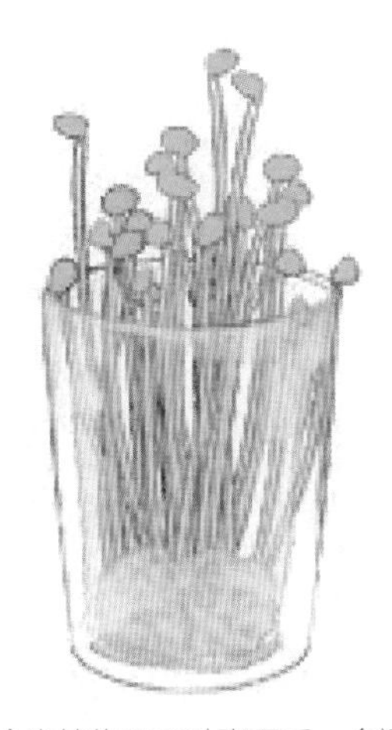

当植物双子叶张开后，会逐渐变成绿色，可以将其摆放在餐桌上，观察其变化的过程。

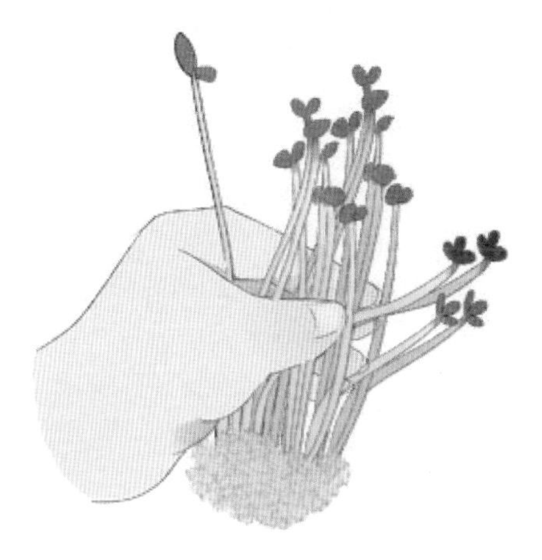

播种后 7~10 天的时节即可收获。收获时将植物从容器中取出，用水洗净后，切掉根部，剩下的部分就可以食用了。

小贴士：

播种时要避免种子重叠在一起，当植物长出双子叶时，先不要接受直射的阳光，而应放置在明亮的散射光处。

沙拉蔬菜的混栽

相比于单独栽植，将蔬菜混栽能享受到别样的乐趣，这里选择的是将小葱、芝麻菜和生菜混栽在一起，既可以用种子栽培，也可以直接用幼苗，混栽的时间选在春秋季节为宜，一般2~3周即可收获。

准备材料

种子（或幼苗）、容器、铁丝网、颗粒石、培养土、填土器、小铲子、镊子、剪刀。

种植步骤

1 准备好所需的材料，对于盆底有孔的容器，先用铁丝网垫在容器的底部，然后再倒入 2~3 厘米厚的颗粒石。

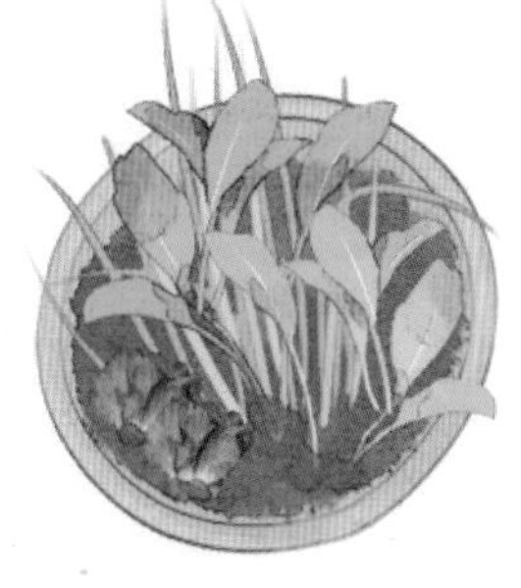

2 向容器中倒入含有基肥的培养土，至容器容量的 60% 左右，然后将植物依次种植在培养土上。

3 栽种完成后，在植物根部周围再填充一些培养土，植株的间距控制在 2 厘米左右为宜。

4 在植物的生长过程中，如果出现过于拥挤的现象，就可以开始一边间苗一边收获。

5 栽植后一个月左右，容器中的植物会生长得非常茂密，到第二年春天，可以实现二次收获。

6 当芝麻菜的株距达到 10 厘米左右时，可以从外围的叶片开始收获，并且一直能收获到翌年春天。

王菜

椴树科王菜属

王菜因其富含多种营养成分，有“蔬菜之王”的美誉而得名，为椴树科一年生草本植物，是近年来引入我国的一种新型蔬菜。植株内部含有黏液，王菜既可以用来凉拌，也可以用来炖汤。

主要品种

建议选择栽培简单、抗病能力强的品种。

食用价值

王菜中的矿质营养元素如钙、钾、铁、磷等以及各类维生素、胡萝卜素含量都远远高于其他蔬菜。

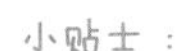

最佳播种时间

王菜的最佳栽苗时期在5~6月。

准备材料

容器、幼苗、培养土、填土器、支架、包胶铁丝、洒水壶。

小贴士：

王菜喜欢高温的环境，生长适温为20~30℃，土壤宜选用肥沃、疏松、排水性良好的沙质土。

种植步骤

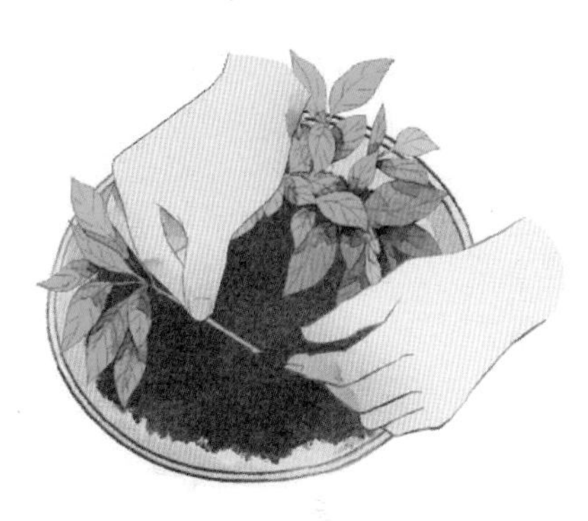

2 栽苗后一周左右，植物会生长得很茂盛，如果你栽了3~4株幼苗，间苗时只需留下两株即可。

在容器中倒入含有基肥的培养土，高度以达到容器的四分之三为宜，接着将王菜幼苗从种植杯中取出，注意不要弄伤土球，最后将幼苗栽入培养土内，并填充适量培养土。

小贴士：

多吃王菜可有效提高血液中矿质元素的含量，使血液呈弱碱性，能增强体质，对于癌症、冠心病、糖尿病以及其他气血失调引起的疾病有很好的抵制和促进治疗作用。

3 王菜栽苗后一个月左右即可收获，或者以植物叶片长到10~15厘米为标准，需要注意的是，王菜的花、果实以及变硬的茎都有毒，不能食用。

明日叶

伞形科当归属

明日叶又名明日草、八丈草、咸草、神仙草等，为伞形科当归属多年生草本植物。植株茎直立，多分枝，茎叶内含黄色液汁，叶片卵形或广卵形，边缘具有细锯齿，小花多为乳黄色，果实长椭圆形。

主要品种

明日叶依植株外形不同，可分成青茎种、红茎种及混合种三个品种。

食用价值

明日叶茎、叶含有多种维生素、胡萝卜素、16种氨基酸和苯烯苯基酮等成分，有着“神奇植物”的美称。

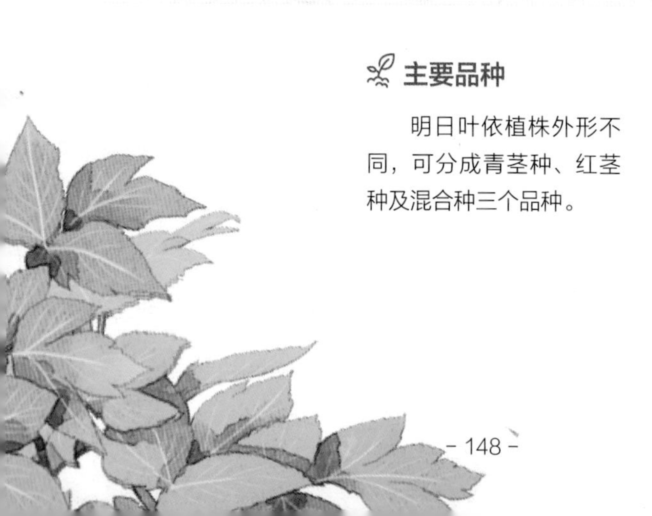

最佳播种时间

明日叶的最佳栽苗时期在5~6月。

准备材料

容器、幼苗、培养土、填土器。

小贴士：

肥料最好使用腐殖土及腐熟的农家肥，不用或少用化肥。

栽植深度以不埋过心叶为宜，平时注意浇水保持土壤湿润。

明日叶性喜冷凉至温暖，忌高温高湿，生长适温为12～22℃。土质不要求很肥沃，中等肥力即可。

种植步骤

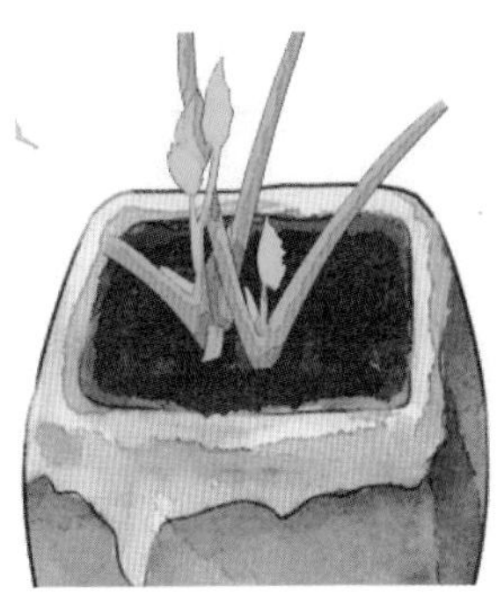

1 在容器中倒入含有基肥的培养土，然后将明日叶的幼苗栽种在盆土内，并继续填充适量培养土，使盆土高度与幼苗根部的土球上表面在同一高度。

2 栽苗后约两周的时间，当植物高度达到10厘米左右时开始施追肥，如果植物的花茎长得太高，则要立即剪掉。

3 明日叶栽苗后约3周的时间即可收获，要趁植物的叶片还没长大时进行，收获晚了，植物的叶片就会变硬，并失去光泽。

4 每次收获后都要至少保留3~4片叶子，这样能保证植物的生命力并实现第二次收获。

迷你卷心菜

十字花科芸薹属

卷心菜又名洋白菜、圆白菜、包菜、包心菜、莲花菜、茴子白、大头菜、椰子菜、包包白，为十字花科芸薹属二年生草本植物。植株有绿色、白色、红色等不同颜色，卷心菜里面的叶子比外面的叶子略白些。

主要品种

栽培迷你卷心菜时建议选择收获周期较短的早熟品种。

可以清炒食用

食用价值

迷你卷心菜中富含维生素 C、维生素 B1、叶酸和钾，食用价值很高。

最佳栽培时间

迷你卷心菜的最佳栽苗时间在 8 月下旬至 9 月上旬。

小贴士：

迷你卷心菜的发芽最佳温度为 15℃左右，植物的生长适温为 13~25℃，盆土宜选择肥沃、疏松、排水性和透气性良好的沙质土壤。

准备材料

容器、幼苗、培养土、填土器、喷壶、支架、防虫网、细绳、剪刀。

种植步骤

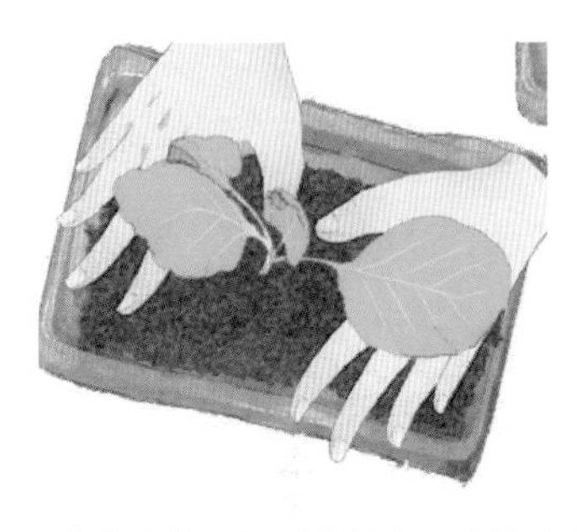

1 首先向容器中倒入四分之三左右的含有基肥的培养土，然后将迷你卷心菜的幼苗栽入盆土中。

2 再向盆中填入适量培养土，土壤高度与幼苗根部土球的上表面平行，并用手掌将盆土稍稍压紧，使植物幼苗根部稳固。

如果一个容器中种了多株幼苗，则株距宜控制在 15 厘米左右，栽苗后要浇一次透水。

栽苗后大约两周的时间，植物开始生根，此时要开始施追肥，并持续到开始结球为止。

小贴士：

迷你卷心菜含有粗纤维量多，且质硬，故脾胃虚寒、泄泻以及小儿脾弱者不宜多食，此外，皮肤瘙痒性疾病、眼部充血患者忌食。

在植物结球之前，要尽量将植物培养大，并注意防止病虫害的侵袭。

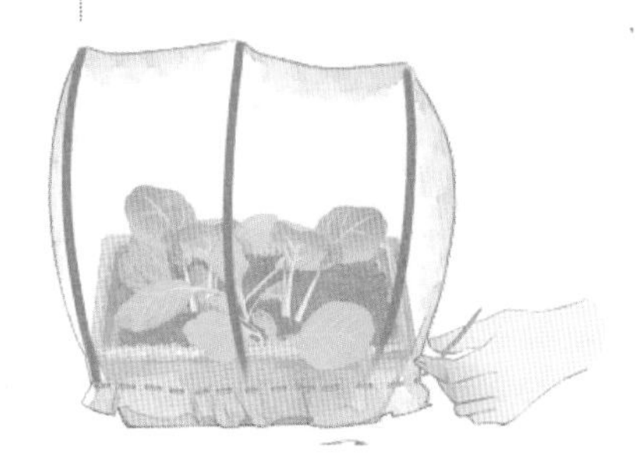

在容器的上方插入 2~3 根支架，并弯曲成半圆形，支架的外围罩上一层防虫网，并用细绳系牢。

防虫网是能够透气和透水的，因此罩上之后依然可以对植物进行施用液肥。

迷你卷心菜栽苗后大约 45 天的时间即可收获，或者以植物结球的直径达到 15 厘米为标准。

收获时用剪刀在菜叶下方割断即可，此时植物的茎部很硬，收获的迷你卷心菜即可生吃也可以进行烹饪。

京水菜

十字花科芸薹属

京水菜又名白茎千筋京水菜、水晶菜，为十字花科芸薹属白菜亚种的一个新育成品种。

主要品种

京水菜的主要品种有早生种、中生种和晚生种。

食用价值

京水菜中含有丰富的营养成分，食用价值很高。

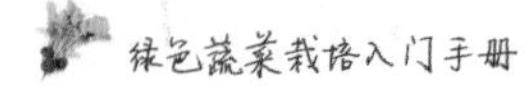

最佳播种时间

京水菜的最佳栽苗时间在9月。

准备材料

容器、幼苗、培养土、填土器、洒水壶、剪刀。

小贴士：

京水菜适宜于在冷凉季节栽培，夏季高温期间种植效果较差，盆土宜选择肥沃、疏松、排水性和透气性良好的沙质土壤。

种植步骤

向容器中倒入四分之三的培养土，接着将京水菜的幼苗从种植杯中取出，小心地种植在盆土中。

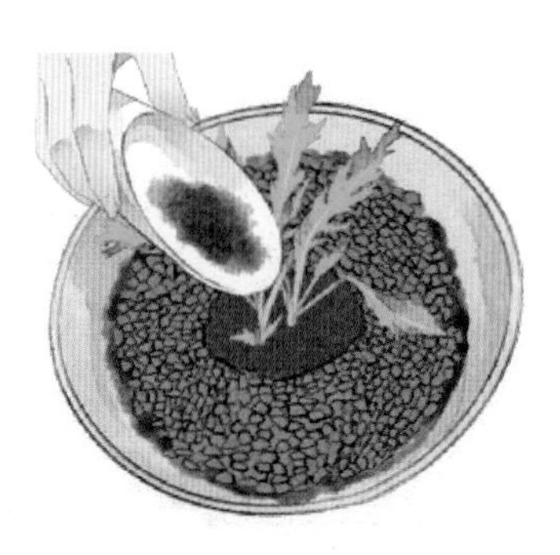

2 继续将容器中填充培养土，使土壤高度与幼苗根部土球的上表面平行。

用手掌将盆土稍稍压紧，使植物幼苗根部稳固，然后浇一次透水，以水分流出盆底为宜。

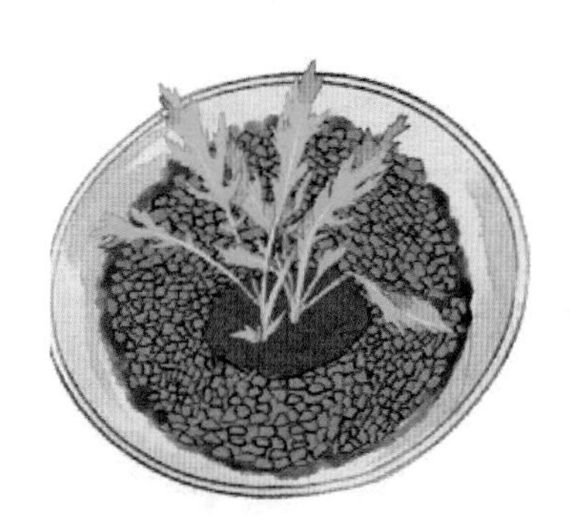

京水菜栽苗后大约一周的时间，或者当植物高度达到 10 厘米左右时，开始施追肥，直到收获为止。

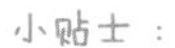

小贴士：

京水菜前期生长较缓慢，一般不追肥。在低温和极度潮湿的环境下，京水菜易发生霜霉病，栽培时要注意合理浇水，增施磷、钾肥以提高植株的抗性。

5 栽苗后大约一个月的时间，如果施肥适当，植物会长得很茂盛，形成图中所示的状态。

6 京水菜栽苗后一个月的时间即可收获，或者以植物高度达到 20~25 厘米作为标准。

7 每次收获只摘取够一次食用的量就可以了，这样能够实现长期收获。

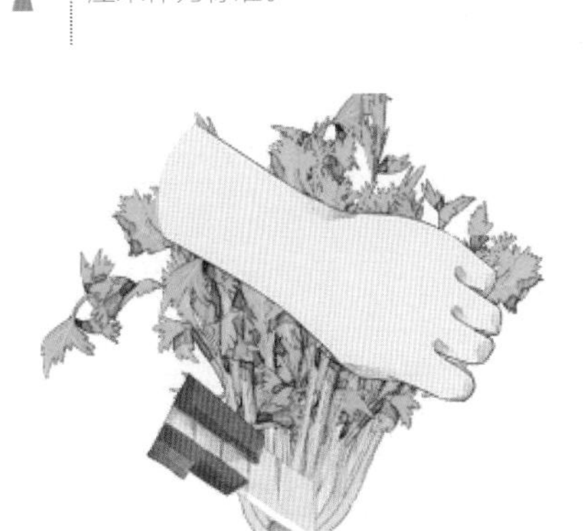

8 收获京水菜时，直接用剪刀在植物的根部位置剪断即可。

9 对于已经长得很大的植物，也可以直接连根拔起。

乌塌菜

十字花科芸薹属

乌塌菜又名塌菜、塌棵菜、塌地松、黑菜、黑桃乌，为十字花科芸薹属芸薹种白菜亚种的一个变种。植株根部粗大，全株无毛，叶片圆卵形或倒卵形，叶色墨绿并有光泽，总状花序顶生，花淡黄色，长角果长圆形。

主要品种

栽培时最好选择抗病能力强、栽培难度小的品种。

食用价值

乌塌菜中富含维生素C、钙及铁、磷、镁等矿物质，被称为“维他命”菜。

最佳播种时间

乌塌菜的最佳播种时间在8~9月。

准备材料

容器、种子、培养土、填土器、喷壶、报纸、剪刀。

种植步骤

> 小贴士：
>
> 乌塌菜性喜冷凉，不耐高温，种子发芽适温为20~25℃，生长发育适温在15~20℃。乌塌菜对土壤适应性较强，但以富含有机质、保水保肥力强的微酸性黏壤土最为适宜。

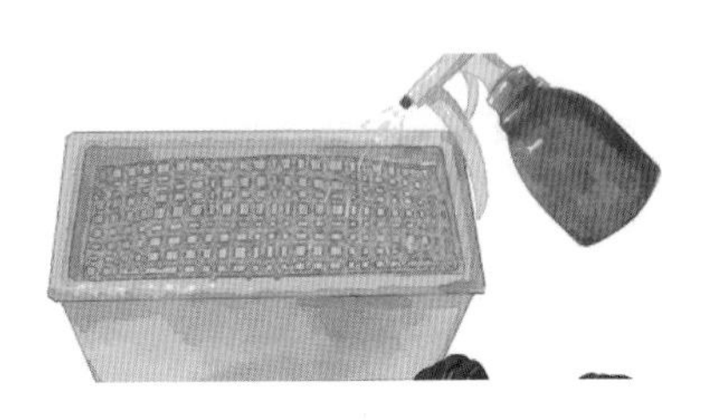

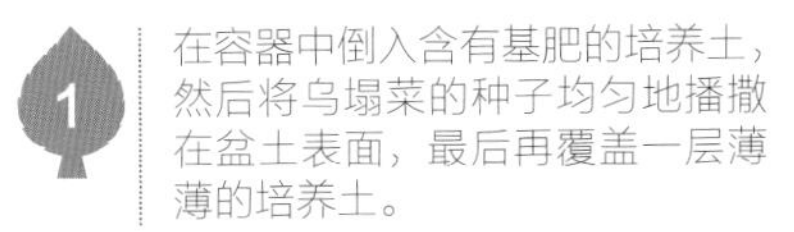

1 在容器中倒入含有基肥的培养土，然后将乌塌菜的种子均匀地播撒在盆土表面，最后再覆盖一层薄薄的培养土。

2 取一张干净的报纸，裁剪成盆口的大小，盖在土壤表面，然后用喷壶将报纸喷湿，在发芽前都要保持湿润。

3 播种后1~2周就会发芽，发芽后立刻拿走报纸，对于拥挤的地方要进行间苗，并补充培养土，播种后约3周的时间即可收获。

> 小贴士：
>
> 乌塌菜喜光，阴雨天气和弱光的环境易引起徒长。乌塌菜根群分布浅，吸收能力弱，生长期间应不断地供给肥水，并多次追施速效氮肥。

黄秋葵

锦葵科秋葵属

黄秋葵又名越南芝麻、羊角豆、糊麻、秋葵、补肾菜、咖啡黄葵等，为锦葵科秋葵属一年生草本植物。植株茎圆柱形，叶片边缘具粗齿及凹缺，两面均长有硬毛，花单生于叶腋间，花瓣倒卵形，果实筒状尖塔形。

主要品种

栽培黄秋葵建议选择植株矮小、果实优良品种，如“五福”等。

黄秋葵可以直接凉拌食用

食用价值

黄秋葵的营养丰富，其汁液中含有果胶、牛乳聚糖及阿拉聚糖等。

最佳栽培时间

黄秋葵的最佳栽苗时期在5~6月。

准备材料

容器、幼苗、培养土、填土器、剪刀、洒水壶、支架、包胶铁丝。

种植步骤

1 在容器中倒入四分之三的培养土，将黄秋葵的幼苗从种植杯中取出，根部土球栽入盆土中。

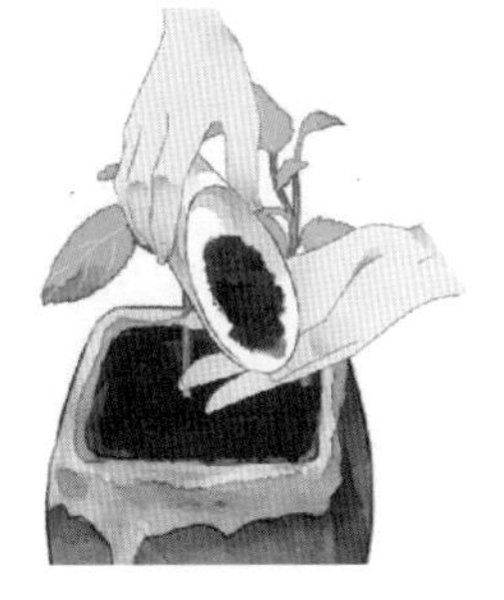

2 再填充适量培养土，使土壤表面与土球表面平行，并用手将土壤稍稍压紧，最后浇足水。

3 栽苗后一周，将一根支架插入盆土中，并用包胶铁丝将植物的茎绑在支架上，使其稳固。

4 当植物长出2~3片叶子后开始间苗，栽苗后两周开始施追肥，固态肥料和液肥均可，直到收获为止。

5 黄秋葵一般栽苗后4~5周开始开花，花朵为黄白色，形似木槿，开花后很快就会长出豆荚。

6 当豆荚饱满时即可收获，在收获的过程中，如果将主枝修剪掉一半，2~3周后能实现第二次收获，从而提高产量。

问与答

问：黄秋葵具体有什么营养价值和功效？

答：秋葵中含有钙、铁、糖等多种营养成分，可以有效地预防贫血；富含维生素A和β-胡萝卜素等，有益于视网膜的健康、维护视力；秋葵中的黏蛋白能抑制糖类的吸收，对治疗糖尿病起着良好作用；秋葵嫩果里含有一种黏性液质及阿拉伯聚糖、半乳聚糖、鼠李聚糖，经常食用，能增强体力，保护内脏；秋葵中还含有特殊的具有药效的成分，能够强肾补虚，对男性器质性疾病有很好的辅助治疗效果，享有“植物伟哥”之称。

问：什么是口红秋葵？

答：口红秋葵的花朵颜色和普通的秋葵一样，收获时的果实呈紫红色。但是煮过后的果实会变成绿色，口感和普通秋葵一样，富含有益的多酚。

黄秋葵的病虫害

秋葵主要病害有病毒病和疫病，主要虫害有蚜虫、毒毛虫、美洲斑潜蝇。病毒病是秋葵的主要病害之一，成株期发病较重。植株染病后全株受害，叶片呈现花叶或褐色斑纹状，早起染病时，植株矮小，结果少甚至不结果。疫病的病斑是由叶片向主茎蔓延，使茎变细并呈褐色，导致全株萎蔫或折倒。叶片染病多从植株的下部叶尖或叶缘开始，发病初为暗绿色水渍状不整形病斑，扩大后转为褐色。

防治病毒病初期可用病毒AWP稀释液或植病灵稀释液或83增抗剂稀释液每隔一周左右防治一次，连续3次。防治疫病在发病初期时用锰锌·霜脲稀释液或安克锰锌稀释液或杀毒矾稀释液每隔一周喷施一次，连续2～3周效果很好。防治蚜虫可用吡虫啉类农药效果很好。防治美洲斑潜绳可用农地乐稀释液效果很好。防治毒毛虫可以用锐劲特稀释液效果很好。

红小豆芽苗菜

红小豆又叫红豆、小豆、赤豆、红饭豆、赤菽、五色豆、米豆，属于一年生草本植物。

食用价值

红小豆芽也称鱼尾赤豆苗，其除了含有钙、铁、磷、钾等矿物质外，还含有多种维生素，每 100 克红小豆芽含维生素 B1 0.9 毫克，比绿豆芽高 0.17 毫克，经常食用，可预防脚气病，并保持人体血液酸碱平衡。

烹饪方法

中医认为红小豆芽苗菜性味甘平，可健脾、宽中、润燥、排毒，消肿止痛，有清热利湿之功效。其含有较多的纤维和可溶性纤维，经常食用，可保持人体酸碱平衡，增强消化能力。在欧美国家把红小豆芽苗菜视为保健品，多清炒或拌沙拉食用。在国内芽苗菜的做法比较多，如凉拌、爆炒、做汤或涮火锅等。

筛选种子

种子选用子粒饱满、色泽明亮、脐白、发芽率在 95% 以上的新种子为佳。

前期准备

温水泡种：红小豆发芽前先用清水清洗 2~3 次，然后将种子浸泡在 25℃的温水中，时长 12~24 小时。

小贴士：

栽培管理温度应保持在 16~30℃，每天浇水 2~3 次，水既要浇匀浇透，又不要积水，要保持场所的空气清新。

红小豆芽前期生长并不需要较强的光照条件，所以在红小豆芽生长前期最好不要见光。

红小豆芽苗菜对环境的要求不高，只需在适宜的温度、光照条件下，保证适宜的水分就能正常生长。

育苗方法

将浸泡好后冲洗 1~2 遍的种子放在手中，然后将种子均匀地平铺在育苗盘中。注意不要重叠，否则容易发霉。然后放到阴凉、通风的地方，等待种子发芽。

1 天后，经过一夜的成长，红小豆开始脱壳、长芽。发芽后，依然需要每天浇水、透气。

5 天后， 真叶出现、须根还未长出，此时可将幼苗放于见光的地方进行催绿。

7 天后， 红小豆芽苗菜长至 11 厘米左右，已经进入了收获期。

收获

小贴士：

浸泡时间可以根据季节的变化而变化。一般来说，夏季需要浸泡 12 小时左右，冬季则要求时间长一点，一般 24 小时左右。

催芽期间要每天用温水冲洗两遍，两天后露白时即可播种。在种子的催芽过程中还要多为种子通风透气，并且保持空气中的湿度。

红小豆芽长出子叶后温度控制在 20℃左右。冬季常采取覆盖塑料薄膜等措施提高温度，夏季通过增加通风量以保持室内空气新鲜和降温。红小豆芽苗菜苗小时（5 厘米之前）少浇水，苗稍大时（6 厘米以后）多浇水。每天浇水 2~3 次，夏季可以多次，以盘内部积水为宜。

小贴士：

红小豆芽因为含有较多的皂角苷，可刺激肠道，有通便利尿作用，适宜身体有水肿、湿气较重、消化不良、便秘人士。红小豆芽还可以降血压、血脂，调节血糖，具有解毒抗癌的功效，所以有以上疾病都可以食用。对于女性来说，红豆尤其适合，红豆富含铁质，有补血的作用，是女性生理期间的滋补佳品。

在吃红豆芽的时候，不能吃得太多，否则对身体营养吸收会有影响。

黑豆是指皮为黑色的大豆，黑豆芽又称“小豆芽”，是一种口感鲜嫩营养丰富的芽菜。

食用价值

黑豆营养十分丰富，含有蛋白质、脂肪、碳水化合物、胡萝卜素、维生素 B1 、维生素 B2 、烟酸、皂苷、胆碱、叶酸、大豆黄酮等。黑豆萌发成豆芽后，各种成分变得更有利于人体吸收。黑豆芽味甘、性平，入脾肾经，具有滋补肾脏、补肝明目、滋阴润肌、利水清肺、解食物中毒的功效。

烹饪方法

黑豆芽（小豆芽）是一种口感鲜嫩营养丰富的芽菜。含有丰富的钙、磷、铁、钾等矿物质及多种维生素，含量比绿豆芽还高。一般在芽高 3~10 厘米时食用。此时两片真叶尚未展开，可炒、作汤或凉拌及做火锅蔬菜，味道清香脆嫩，风味独特，口感极佳。

筛选种子

新鲜的黑豆种子，表面有一层白霜状的蜡质，这种蜡质会随贮藏时间的延长逐渐减退而变得光亮，所以要选表面有蜡质、没有光泽的种子。

前期准备

黑豆发芽前最好先用 50℃水搅拌浸种 15 分钟，再用室温水（25~28℃）继续浸泡 6~8 小时。

育苗方法

将种子用清水淘洗 2~3 遍，清除种子表面的黏液，然后将种子均匀地平铺在育苗盘中。注意不要重叠，否则容易发霉。

种子铺好后，用喷壶喷一遍种子，让种子保持湿润状态。再放到阴凉、通风的地方，等待种子发芽。

1 天后，经过一夜的成长，黑豆开始长出白色的根须。发芽后，依然需要每天浇水、透气。

3 天后，黑豆长出了 1~2 厘米的芽苗，此后仍需要每天浇水并且透气。

8 天后，黑豆芽苗菜长至 10 厘米左右，子叶半展开、尚未平展、真叶微露时进入收获期。

小贴士：

黑豆芽是一种比较容易培育的芽苗菜，在催芽期只需每天翻动种子一次，浇水一次，在 18~22℃的条件下催芽 2~3 天。

黑豆苗的生长温度控制在 20℃，栽培期间需要避光软化，每天浇水 2~3 次。浇水量以苗盘内的育苗纸湿润、不大量滴水为度，同时浇湿地面以保持足够的空气相对湿度。

黑豆芽前期生长并不需要较强的光照条件，所以在黑豆芽生长期最好是柔和的散射光。

收获

小贴士：

黑豆芽苗菜在生长期间绝对不能缺水，因此，每天的喷水工作一天都不能停。冬春季每天喷水 2~3 次，夏季 3~5 次，每次喷水以盘内湿润、不淹没种子、不大量滴水为宜。空气中的相对湿度保持 75% 左右，并保持有充足的散射光线。

小贴士：

黑豆芽具有能软化血管、降低胆固醇、滋润皮肤，延缓衰老的功效，特别是对心脏病、高血压等患者有益。黑豆芽的营养价值比其他蔬菜营养含量高出 10 倍，种植过程不需要化肥农药，是一种真正无公害的绿色安全食品，而且口感鲜嫩，老少皆宜。

黑豆的壳和根是不能食用的。

小麦芽苗菜

小麦芽苗菜被称为人体的“绿色血液”，食用对人体非常有利。

食用价值

小麦芽苗菜富含矿物质、氨基酸、维生素、酵素、叶绿素和纤维等营养元素。其叶绿素的成分与健康人体中的鲜血成分相似，可增加人体红细胞，通过增加红细胞来丰富造血以激发新陈代谢和身体酶系统，并扩张全身的血管以降低血压，因此，又称为“绿色血液”。小麦草含有 A、B、C、E 等 27 种维生素，经常食用小麦芽可以改善消化系统，预防癌症、糖尿病和心脏病，治疗便秘，清除血液中的重金属，净化肝脏，预防脱发以及改善更年期症状。

烹饪方法

麦芽可以做成香甜的麦芽糖、麦芽饼等食物，也可以作为啤酒制作的重要原料之一。生长 7 天的小麦芽可生嚼或榨汁饮用。

筛选种子

应选择发芽率、纯度、净度均较高及籽粒饱满的当年新种。

前期准备

用温水浸泡种子 5~6 个小时，然后将水滤除，并用清水清洗 2~3 遍。

育苗方法

将浸泡好的种子放在手中，然后将种子均匀地平铺在育苗盘中。注意不要重叠，否则容易发霉。种子铺好后，再用喷壶喷一遍种子，让种子保持湿润状态。

1 天后，经过一天一夜的成长，小麦种子开始破壳并发芽。发芽后，需要每天浇水、透气。

2 天后，小麦芽基本出齐。此时可以把小麦芽苗移到窗边明亮的地方接受散射光。

4 天后，苗高 3 厘米左右，一定要记得勤浇水，多通风。

小贴士：

先将不良种子挑除，用清水清洗一遍，再去除浮在水面上的不良种子，然后将小麦种子用冷水浸泡 5~6 小时，以促进小麦快速萌芽。在浸泡时间方面，夏季浸泡时间可酌减，以免久泡腐胚芽，冬季浸泡时间可加长。

强壮的小麦可以忍受盆地些微的积水，但因为根部需要大量的空气，所以在栽培时，选用有孔的容器栽培较好。

浇水时，浇到排水孔流出水，可以去除种子生长时所产生的气味。

收获

小贴士：

在培育过程中，每天要给苗盘淋水保湿，并把其中坏了发霉的种子拣出来，否则会感染其他种子；等到嫩芽长出来将近一厘米，就可以把盖着的毛巾或纸巾撤掉，让小麦草自由生长。每天淋水保湿，可能需要一天 2~3 次（视天气而言，天热 3 次，比较凉快时两次，冬天一次即可）。注意：不要接受阳光暴晒，散光就好！

收成过后的小麦会再次萌芽生长，所以一次收成后千万不要扔掉根系，一粒麦子可以收成 2~3 次，之后就要重新播种了。

小贴士：
收获的小麦苗可以在冰箱内保存 7 天，但
小麦芽苗汁最好在半小时内喝完。刚开始
喝小麦芽苗汁，每天 20~30 毫升为宜，兑
3~5 倍的水、蜂蜜、果汁可以减轻它特殊
的草腥味道和可能的胃部不适。

用芽苗菜做成的各种美食

第五章
可以直接吃的蔬菜

樱桃萝卜

十字花科萝卜属

樱桃萝卜是中国的四季萝卜中的一种小型萝卜，因其外貌与樱桃相似而得名，为十字花科萝卜属的二年或一年生作物。肉质根有球形、扁圆形、卵圆形、纺锤形、圆锥形等，表皮红色或白色，肉质白色，品质细嫩，生长迅速，外形、色泽美观。

美樱桃

主要品种

樱桃萝卜的主要品种有“上海小萝卜”“美樱桃”“罗莎”等。

食用价值

樱桃萝卜有通气宽胸、健胃消食、止咳化痰、除燥生津、解毒散瘀、止泄、利尿等功效。

最佳播种时间

樱桃萝卜的播种时间以春季和秋季最为合适。

准备材料

容器、种子、颗粒石、培养土、喷壶、镊子、小铲子。

> 小贴士：
>
> 樱桃萝卜适应性强，喜温和气候条件，不耐炎热，生长适宜的温度范围为 5 ~ 25℃，种子发芽的适温为 20 ~ 25℃，播种的土壤以土层深厚，保水，排水良好，疏松透气的沙质壤土为宜。

种植步骤

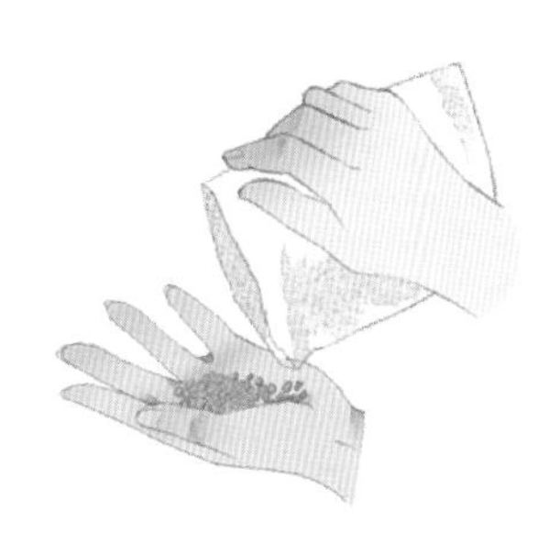

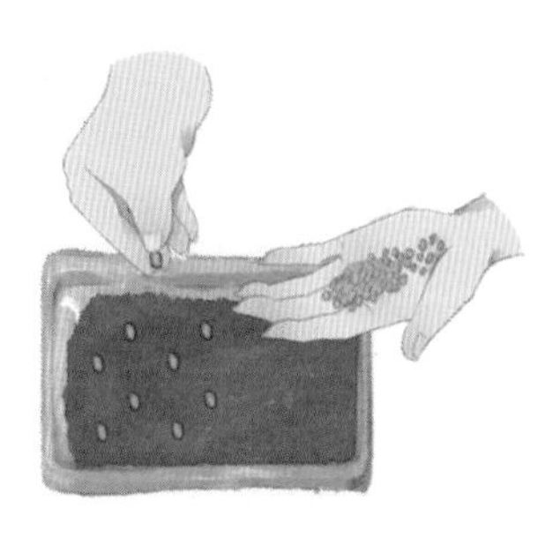

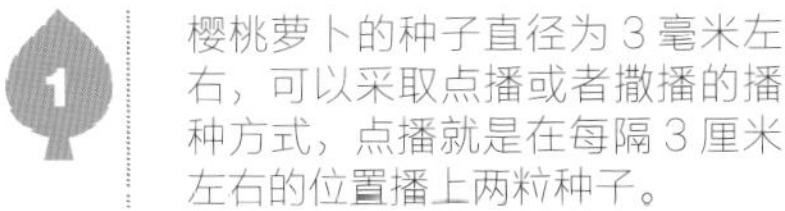

1 樱桃萝卜的种子直径为 3 毫米左右，可以采取点播或者撒播的播种方式，点播就是在每隔 3 厘米左右的位置播上两粒种子。

2 播种前，先在容器底部铺一层颗粒石，再倒入混有基肥的培养土，高度以达到容器高度的 90% 为宜，如果是撒播的话就将种子均匀地播撒在盆土表面。

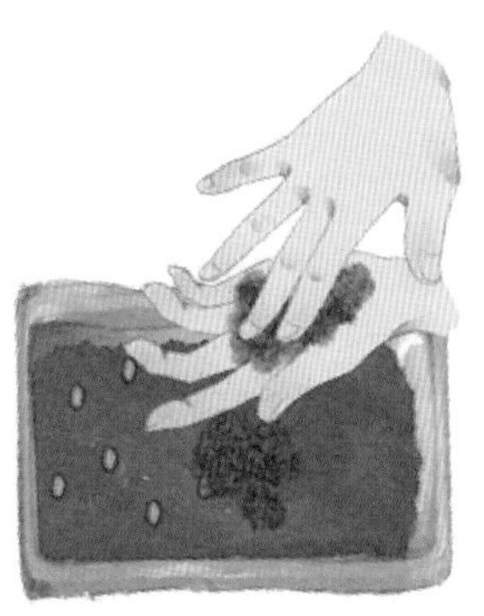

3 播种后，在种子的上方，再均匀地撒一层培养土，厚度以 3~5 毫米为宜。

4 撒过培养土后，先用手掌轻轻地按压盆土的表面，目的是为了使种子与培养土紧密地结合在一起，按压后，再用喷壶对盆土慢慢地进行喷水。

5

樱桃萝卜播种后 3~4 天即可发芽，长出叶片后在生长过于拥挤的地方进行间苗，维持株距在 3~4 厘米。第二次间苗后的叶片即可食用。

樱桃萝卜在播种后，长出幼苗的过程中，根部会开始变色，在间苗时可以将自己不喜欢的颜色除掉。

7

樱桃萝卜虽然植株比较矮小，但也属于根菜，如果不进行多次的间苗操作，植物的根部就无法长大。

樱桃萝卜一般播种后大约一个月的时间即可收获，或者以植物叶片青翠、根部膨大至挤出盆土表面为标准，如果收获晚了，樱桃萝卜里会出现空洞。

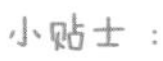

小贴士：

在生育过程中，要求充足的光照，光照不足影响光合产物的积累，肉质根膨大缓慢，品质变差。在发芽期和幼苗期需水不多，只需保证种子发芽对水分的要求和保证土壤湿度即可，在樱桃萝卜的生长旺盛期应小水勤浇。

收获时，可以按照从外到内的顺序将植物从土壤中拔出，对于新鲜摘下的樱桃萝卜，其叶片也可以食用。

主要品种

栽培时推荐选用选择生产期长、产量高、耐热耐湿性强的“新圣女”品种。

食用价值

圣女果具有生津止渴、健胃消食、清热解毒、凉血平肝，补血养血和增进食欲的功效。

圣女果又名小西红柿、樱桃西红柿、樱桃番茄、小柿子，为茄科番茄属一年生草本植物。植株根系发达，侧根多，叶片为奇数羽状复叶，小叶多而细，果实鲜艳，有红、黄、绿等颜色。

圣女果

茄科番茄属

最佳栽培时间

圣女果的栽苗时间以 5 月上旬为宜。

准备材料

容器、幼苗、培养土、填土器、洒水壶、铁丝、细麻绳、支架、剪刀。

种植步骤

1 在容器中倒入培养土，高度以距离盆口 2 厘米左右为宜。

2 用食指和中指夹住圣女果幼苗的根部，将盆栽中的圣女果翻转过来，然后将种植杯拿掉。

3 圣女果栽苗时，要让植物根部的土球表面与容器中的盆土表面维持在同一高度。

栽苗后，用手掌轻轻按压盆土表面，目的是为了让盆土与植物根部的土球紧密接触。

5 在盆土中插入 25 厘米左右高度的支架，但注意不要碰到土壤中的植物根部土球。

用铁丝或者细麻绳将植物与支架绑在一起，起到固定的作用。

固定好植物后，用洒水壶对盆栽浇一次透水。

8

选择圣女果幼苗时，应挑选叶片颜色深、茎粗壮、节间短的植株，这样在栽培过程中更容易生机旺盛。

在圣女果的生长过程中，要定期摘除多余的腋芽，否则不仅会分散养分，还容易滋生病虫害。

圣女果摘除腋芽的标准为仅留下主枝和两个腋芽即可。一般栽苗后一周左右的时间就会长出腋芽。

小贴士：

圣女果生长发育的适宜温度为 20 ~ 28℃，种子发芽期需要温度 25 ~ 30℃，低于 14℃发芽困难。盆土以排灌方便，土质疏松肥沃的壤土或沙壤土为好。

12 随着植物的生长，可以在盆土中搭一个支架，使植物的茎缠绕在支架上，并用细麻绳固定。

11 如果长出的腋芽忘记摘除，已经长得肥大起来，可以在根部上约 3 厘米的位置掐断。

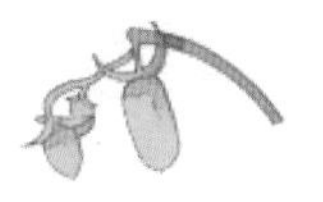

13 一般圣女果在栽苗后 3 周的时间结果，当植物结出第一颗果实后开始施用追肥。当枝条长到支架顶端时，保留上端花萼上的 2~3 片叶，再往上的叶子要全部摘掉。

14 树丛型圣女果一般保留 2~3 根茎，并用支架引蔓，让茎顺着支架生长，如果容器比较小，也可以只保留一根茎。

15 圣女果一般在栽苗后两个月左右收获，植物的果实会从根部开始逐渐变色，收获时从完全变色的果实开始。

小贴士：

要想提高圣女果的品质，就要重视有机肥的施用，控制氮肥的用量。在采收前果时，根据植物长势的强弱，追施液肥 2~3 次，要适量增施钾肥。

黄瓜

葫芦科黄瓜属

黄瓜又名胡瓜、刺瓜、王瓜、勤瓜、青瓜、唐瓜、吊瓜，为葫芦科黄瓜属一年生蔓生或攀援草本植物。植株表皮颜色翠绿鲜艳，外形呈圆筒状，叶片宽卵状心形，果实长圆形或圆柱形，果实皮厚，果肉脆嫩，清香。

主要品种

栽培时推荐选用株型矮小、抗病能力强的品种，如“翠玉黄瓜”等。

食用价值

黄瓜味甘，甜、性凉、苦、无毒，入脾、胃、大肠；具有除热、利水利尿、清热解毒的功效。

切薄片可以美白肤色

酱黄瓜

最佳栽培时间

黄瓜的栽苗时间以 5 月上旬为宜。

准备材料

容器、幼苗、培养土、填土器、洒水壶、铁丝、细麻绳、支架、剪刀。

种植步骤

栽培黄瓜的幼苗宜选择叶色深、有厚度、茎粗壮、节间短的。

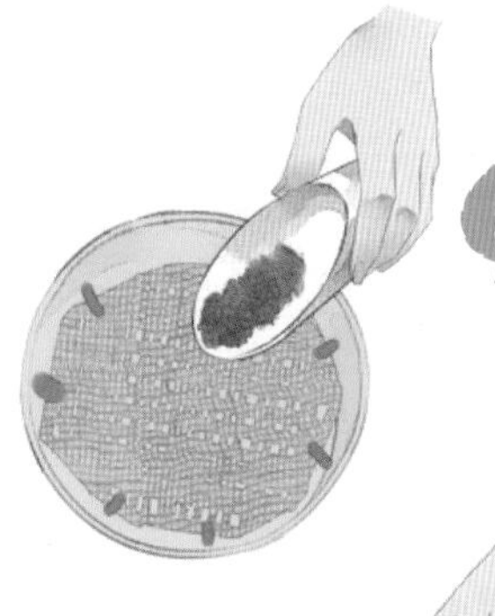

2 首先向容器中倒入培养土，无需颗粒土，高度以距离容器上沿 5 厘米左右为宜，对于盆底有孔的容器可以先垫一层铁丝网。

3 将黄瓜的幼苗从种植杯中取出，注意不要破坏土球，并对根部进行适当的清理后即可直接栽种。

将黄瓜的幼苗栽入培养土中，并在土球的周围补充适量的培养土。

培养土应与土球的表面平行，覆土后用手轻轻地按压，使幼苗稳固。

6 将一根长度在 30 厘米左右的临时支架插入盆土中，注意不要碰到土壤内的土球。

8 栽苗后浇足水，以水从花盆底部流出为宜，然后放置在光照充足处。

7 用包胶铁丝或细麻绳将植物的茎绑扎在临时支架上，起到固定的作用，并注意留有一定的空间给植物生长。

9 黄瓜栽苗后一周左右，茎会长到50厘米长，此时要将最下方的五个腋芽和花全部摘除。

11 生长过程中，植物的叶片上也会长出很多腋芽、花和花蕾等。

10 图中所示的为植物摘除了根部长出的芽后的状态。

小贴士：

黄瓜的幼苗容易被大风刮伤，所以如果风大的话可以用塑料袋将植物包裹住，从而防风。

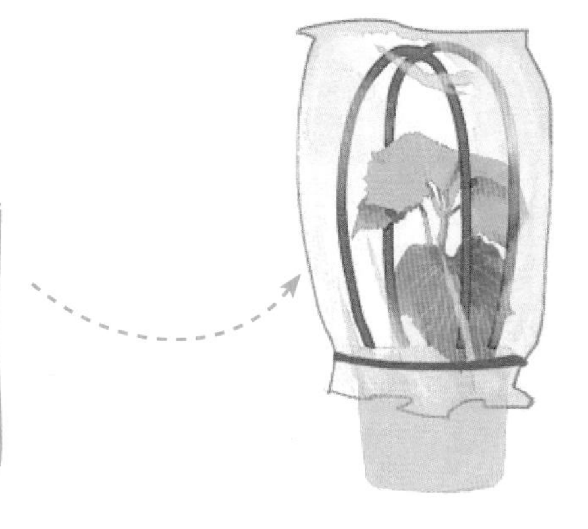

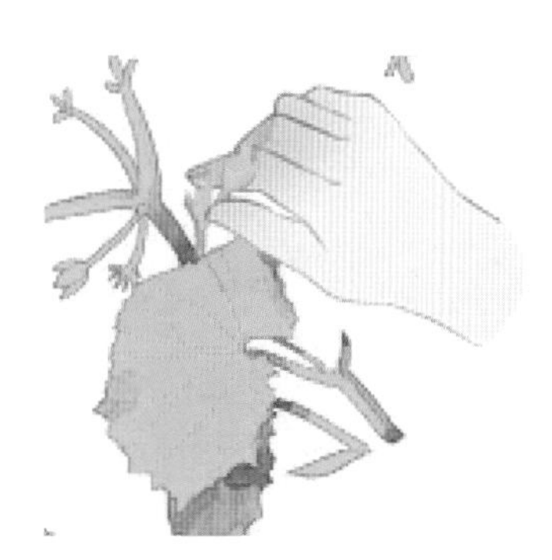

对于植物的茎上长出的很小的腋芽也要用手摘除。

13

左图所示的为将植物的腋芽和花蕾全部摘除后的茎。

14

黄瓜栽苗后一周左右，需要将原来的临时支架拿掉，换成一根约 1.5 米的灯笼形支架。

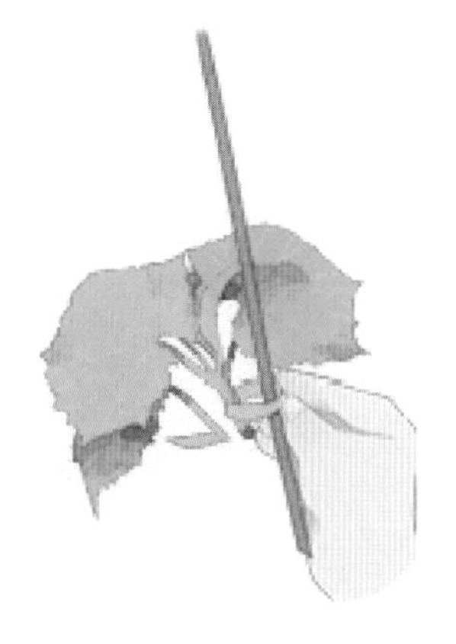

当植物的瓜蔓长长后，要将主枝用包胶铁丝或者细麻绳固定在灯笼形的支架上。

只有主枝需要在支架上引导，而侧枝无需引导。

小贴士：

黄瓜喜温暖，不耐寒冷。生育适温为 10 ~ 32℃，发芽的最低温度为 15℃左右。黄瓜喜湿而不耐涝、喜肥而不耐肥，宜选择富含有机质的肥沃土壤。

图中所示的左边是黄瓜的雄花，花柄很细，右侧的是雌花的花蕾，花柄较大。

18 雄花和雌花的另一个区别是，雌花可以看见雌蕊，而雄花则不能。

当植物的侧枝长出两个果实后需要进行摘心，否则植物会长出很多果实而导致生长压力过大。

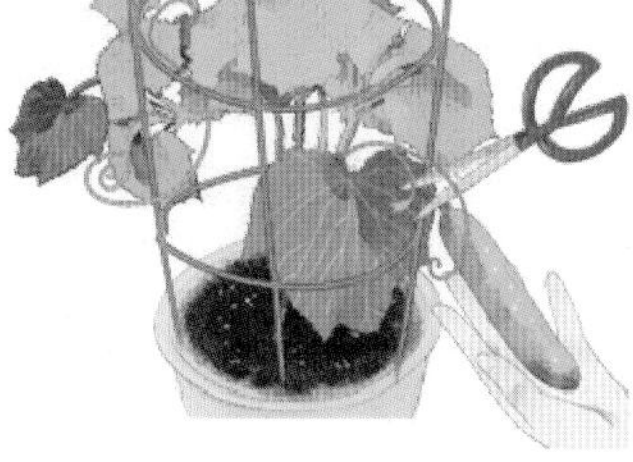

20 黄瓜栽苗后约 40 天的时间，植物会随着开花而陆续结出果实，对于幼小的黄瓜果实也要及时采摘，否则会影响植物的生长。

当植物的果实长度达到 12 厘米左右时是最佳的收获时期，要趁黄瓜还没继续长大时及时收获。

小贴士：

黄瓜种植期间出现弯曲现象不少，主要原因有光照不足、温度和水分管理不当、营养不良等。所以保证充足的光照，合理的肥水，可通过牙签插蔓等方式预防黄瓜出现弯曲。

问与答

问：栽培黄瓜的秘诀是什么？

答：黄瓜的全身有 95% 都是水分，所以成功的秘诀是栽培期间不能断水，正常来说，夏季的时候，每天早晚都要浇一次水。

问：黄瓜果实为什么会有弯曲状的？

答：缺水和施肥不足、有障碍物阻挡等都有可能致使果实出现弯曲。

问：黄瓜怎么处理才可口？

答：由于黄瓜本身具有大量的水分，所以存储时要放入塑料袋里避免干燥；黄瓜不耐低温，易冻坏，所以存储在冰箱里面要记得放在专用的蔬菜室里，为了能吃到黄瓜新鲜可口的味道，建议 2 ~ 3 天内就要把黄瓜食用完。

黄瓜的病虫害

栽培黄瓜在无农药技术栽培下是比较困难的，所以要经常观察植株的生长，发现病虫害及时治理。

黄瓜容易患白粉病，如果植株叶片上出现大量的白色粉状物质，要尽快摘除叶片，用水冲洗植株，也可以喷洒稀释过的醋和用黄瓜腋芽制作的混合物防治。

黄瓜常见的害虫有：伪瓢虫、根瘤线虫，糖和高粱等绿肥可以有效地防治虫害；蚜虫，可以用冷布预防，效果极佳。

草莓

蔷薇科草莓属

草莓又名洋莓、地莓、地果、红莓、士多啤梨，为蔷薇科草莓属多年生草本，叶片倒卵形或菱形，边缘具缺刻状锯齿，上面深绿色，下面淡白绿色。花瓣白色，近圆形或倒卵椭圆形。果实鲜红色，瘦果尖卵形。

主要品种

栽培草莓时建议选择全年都能收获的“四季草莓”品种。

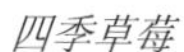

四季草莓

食用价值

草莓富含氨基酸、果糖、蔗糖、葡萄糖、柠檬酸、苹果酸、果胶、胡萝卜素、维生素B1和B2等营养成分。

最佳栽培时间

草莓的栽苗时间以 9 月下旬至 10 月上旬为宜。

准备材料

容器、幼苗、颗粒土、培养土、填土器、喷壶、剪刀。

小贴士：

草莓根系的生长温度为 5~30℃，茎叶的生长适温为 20 ～ 30℃，温度低于 10℃时，芽会发生冻害。草莓宜生长于肥沃、疏松中性或微酸性壤土中，过于黏重土壤不宜栽培。

种植步骤

对于底部有孔的容器，首先在容器的底部垫一层铁丝网，目的是为了防止漏土。

在铁丝网的上方铺一层颗粒土，厚度以 2~3 厘米为宜。

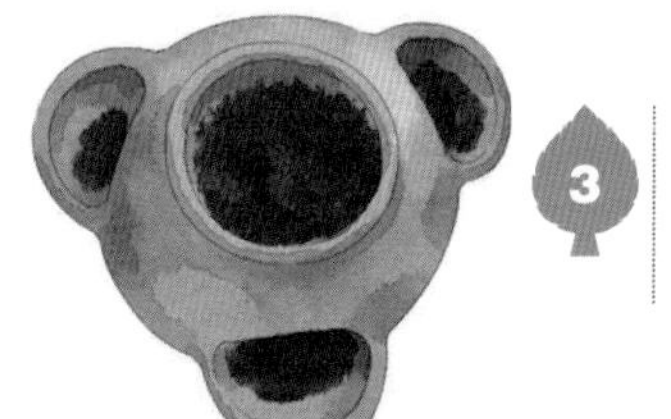

3

在颗粒土的上方倒入含有基肥的培养土，厚度以距离容器上沿 5 厘米左右为宜。

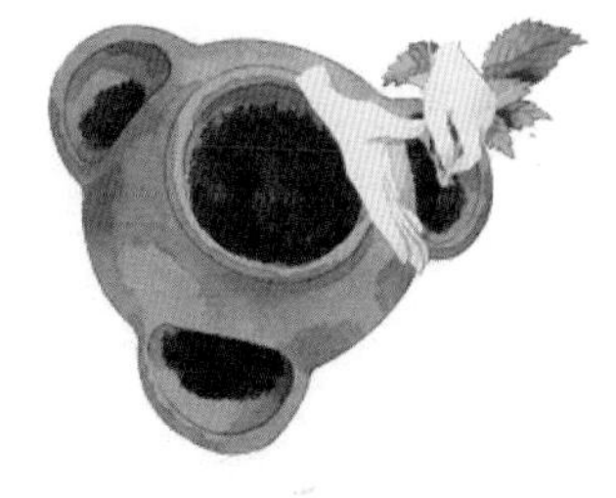

将草莓的幼苗分别种植在容器侧面的种植孔里，使发芽的方向朝外。

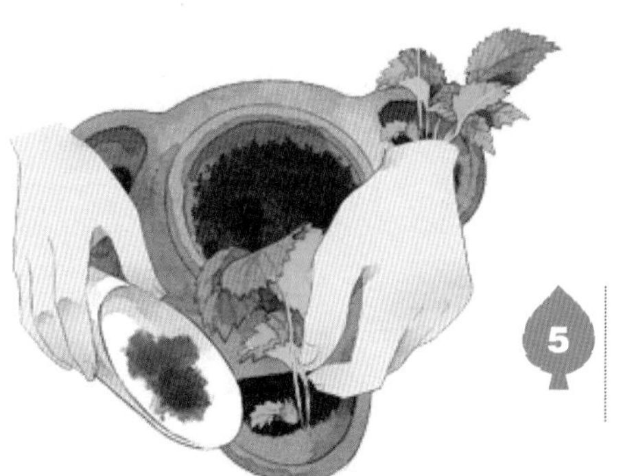

5

栽种草莓的幼苗时要注意，不要将基部长着小叶的“冠”栽入土中。

夏季，草莓的根部容易长出匍匐茎，此时要注意分别发芽的方向，保持发芽的方向向外。

容器侧面的种植孔种完后，再将草莓的幼苗栽入中央的大孔内，大孔内可以栽入 2~3 株。

种完草莓的幼苗后，宜放置在日照充足且通风良好处，如果在冬天，则不要放在有风的地方。

小贴士：

草莓为喜光植物，又有较强的耐阴性，但光照过弱不利草莓生长。不同生长期。草莓对水分的要求稍有不同，果实生长和成熟期需水最多。

草莓一般栽苗后 5 个月的时间就会开花，7 个月的时间即可收获，或者以果实变红饱满为标准。收获时最先摘下最红的果实，草莓一般可以实现二次收获或者多次收获，平时要注意防鸟害。

花生

豆科落花生属

花生又名落花生，长生果，泥豆，番豆，地豆等，为豆科落花生属一年生草本植物。植株茎直立或匍匐，叶片卵状长圆形至倒卵形，先端钝圆，花冠黄色或金黄色，花果期6~8月。

主要品种

花生按花生籽粒的大小可分为大花生和小花生两大类型。

大花生

食用价值

食用花生具有降低胆固醇、延缓人体衰老、促进儿童骨骼发育、预防肿瘤等效果。

最佳播种时间

花生的最佳播种时间在4~5月。

准备材料

种子、清水、玻璃杯、容器、培养土、喷壶。

小贴士：

花生喜欢温暖的环境，最佳发芽温度为25~30℃，盆土适合采用肥沃、疏松、排水性良好的沙质土。

种植步骤

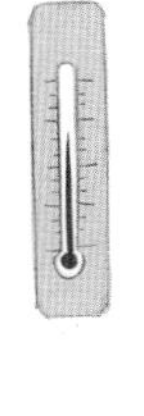

2 将选好的种子浸泡在20℃的温水中12~24小时，等待种子发芽。

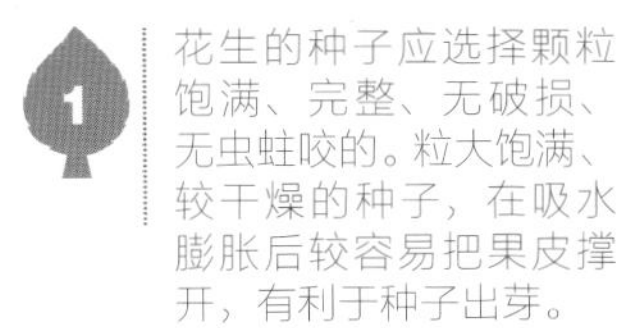

1 花生的种子应选择颗粒饱满、完整、无破损、无虫蛀咬的。粒大饱满、较干燥的种子，在吸水膨胀后较容易把果皮撑开，有利于种子出芽。

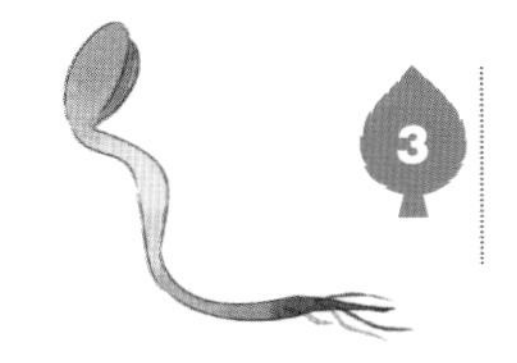

3 浸泡后的种子很快就会发芽。

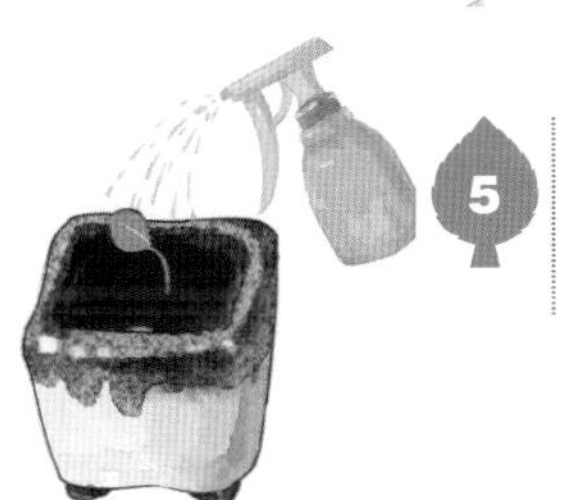

5 当花生芽根长0.1~1.5厘米，并且没有须根，呈乳白色，此时就可以移栽了。移栽时，要把花生有芽的一头朝下，那是植物的根。

4 发芽后将发芽的种子栽入盆土内，每天喷水2~3次。

6 花生已经成熟，待花生的荚果网纹变明显、大小合适时，连根拔起即可。

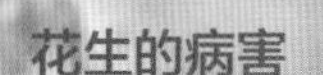

花生的病害

花生病毒病是花生的主要病害之一，要及时去除周围杂草，可以喷洒乐果乳油溶液。出现褐斑病时用多菌灵可湿性粉剂倍液喷洒，每隔 10 ~ 15 天喷洒一次，连喷 3 次。

花生的青枯病是细菌性病，可用链霉素浸种或灌根。叶斑病多在天气潮湿或长期阴雨时发生，要及时清除感染植株，使用代森锰锌倍液治理。

小贴士：

花生选种为什[illegible]择夏花生？

夏花生的种子[illegible]较好，是在比较舒适的环境下生[illegible]育出来的，比春花生的病害少，结实[illegible]，过熟的果实少，含油率[illegible]而且收获时[illegible]气晴朗，温度适中，雨水[illegible]，便于晒种，种子发芽率高，储存时间[illegible][illegible]病概率也比较小。

番茄

茄科番茄属

番茄又名番柿、六月柿、西红柿、洋柿子、毛秀才、爱情果、情人果，为茄科番茄属植物。植株全体生黏质腺毛，有强烈气味，羽状复叶大小不等，卵形或矩圆形，边缘有不规则锯齿或裂片。

主要品种

番茄按果色分有粉果番茄品种、红果番茄品种、黄果番茄品种等。

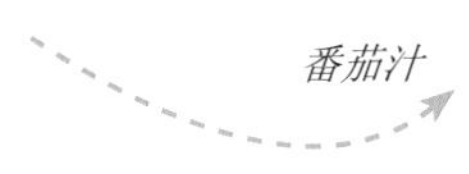

番茄汁

食用价值

番茄含有丰富的胡萝卜素、维生素 C 和 B 族维生素，还含有蛋白质、糖类、有机酸、纤维素等。

最佳播种时间

番茄的最佳播种时间在2~5月。

准备材料

种子、清水、玻璃杯、纱布、容器、培养土、喷壶。

小贴士：

番茄适合春季移栽，栽培温度为20～28℃，生长的温度为15～33℃。

种植步骤

1 将番茄的种子放到温水中浸泡15~20分钟，不断搅拌，搅拌后继续浸泡10~12小时。

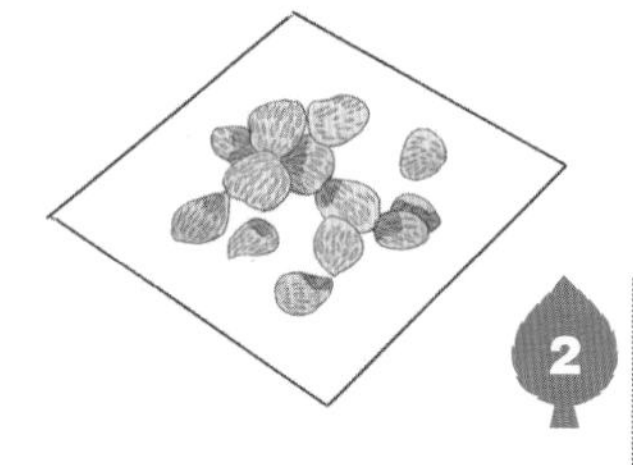

2 浸种后将种子用清水冲洗2~3次，将种子表面的黏液清洗掉。

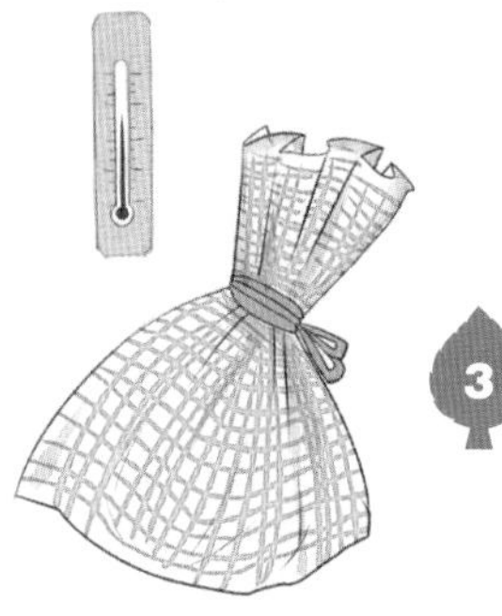

3 将清洗后的种子用干净的纱布包裹起来，放置在25~30℃的环境下进行催芽。

4 当有一半的种子露白后即可播种。

5 播种后覆盖一层培养土，用喷壶浇水后，保温保湿。

播种后大约 4 天的时间即可出苗，当植物长出 8~9 片真叶时可移栽定植。

定植后，浇一次足水，生长期经常保持土壤湿润，番茄播种后 2~3 个月的时间即可收获。

小贴士：

苗幼小容易倒伏，移栽稳定后，需要在种苗旁设立支杆。支杆的一根靠近种苗，其他支杆交叉固定在周围，但不能太紧。

移栽一周后，用手轻轻地把植株的腋芽全部摘掉，只留下主枝干。大番茄为自花授粉，避免植株开花后，只长茎，不结果，轻轻地摇晃植株枝条，这样人工授粉，可提高植株的授粉率，提高产量。

3 周后，当植株结出第一个果实时就要开始追肥，施肥 10 克撒在土壤上，以后可以每隔两周进行追肥一次。

番茄的病害

番茄抗病虫能力强，常见的病有扁茎和果实木栓化硬皮及晚疫病。

扁茎和果实木栓化硬皮是因为缺硼元素造成的。缺硼一般是施钾肥过多、土壤干旱或土壤酸化造成的阻碍植株吸收硼元素。同时强光或连续阴天会加剧果皮木栓化症状。预防方法是施加硼肥，遇到不良气候，要提前喷施营养物质，如硼砂溶液。

晚疫病多在阴雨天发病，主要危害叶子和果实。叶尖或边缘初始会出现暗绿色水渍状病斑直至褐色，可选择抗病品种，如桃星、中杂 101 号。

食用番茄的方法

成熟的番茄收获后马上放入冰箱可以存放 3 ~ 4 天，也可以冷冻后去皮做成美味可口的番茄酱。

小贴士：

番茄上面为什么有时候会有裂缝？这是因为番茄被雨淋后，果实内部膨胀导致果实表面有裂缝。

苦菊

菊科菊苣属

苦菊又名苦苣、苦菜、狗牙生菜、苦荬菜，为菊科菊苣属一年生或二年生草本植物。植株根圆锥状，有多数纤维状的须根，茎直立，叶片长椭圆形或倒披针形，舌状小花多数为黄色，果实褐色。

主要品种

栽培苦菊时建议选择种植难度小、抗病能力强的品种。

食用价值

苦菊中含蛋白质，膳食纤维较高，钙、磷、锌、铜、铁、锰等微量元素。

最佳播种时间

苦菊的最佳播种时间在春季。

准备材料

容器、种子、颗粒土、培养土、喷壶、剪刀。

> 小贴士：
> 苦菊的种子发芽最适宜温度为15～17℃，幼苗生长适宜温度为12～20℃；茎叶生长适宜温度为11～18℃。

种植步骤

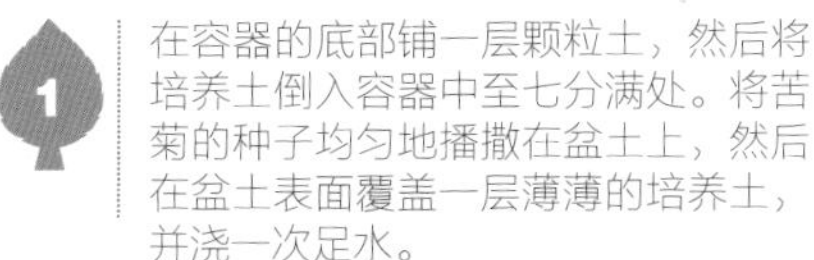

1. 在容器的底部铺一层颗粒土，然后将培养土倒入容器中至七分满处。将苦菊的种子均匀地播撒在盆土上，然后在盆土表面覆盖一层薄薄的培养土，并浇一次足水。

2. 当保持土壤稍湿润，播种后大约5天就会发芽。

3. 当植物长出2~3片真叶时，对于拥挤的地方开始间苗，间苗后及时补充培养土并施追肥。

4. 植株长出4～5片真叶时移栽定植，一般每盆只留1～2株。

小贴士：

苦菊不耐旱，要经常浇水，保持土壤湿润，不能让土壤干燥。每天日照半天即可，也可以日照更长时间。

收获一部分苦菊，剩下的苦菊若间距为30厘米，可以使剩下的苦菊长得更大一点。

苦菊播种后5~6个月的时间即可收获，收获可一次摘完，也可以分批采摘。

问与答

问：苦菊怎么保存可以使口味更好？

答：收获之后如果苦菊变得干燥，会影响口感，可以用报纸包起来放进塑料袋里，再放进冰箱的蔬菜室里保存，食用时间不要超过3天。

问：日本的丸叶生菜和苦菊如何区别？

答：购买苦菊进行直接移植栽培时要注意，日本的丸叶生菜和苦菊很相近，但是叶子比较圆，容易混淆。

苦菊的病虫害

苦菊的病虫灾害不多，如果发生软腐病，中心部分呈深褐色，还伴有恶臭味发出，部分腐烂部位会出现灰色霉层，腐烂的部位大约与鸡蛋差不多大，要用农用链霉素可湿性粉剂或克菌康可湿性粉剂进行喷洒。

如果生有灰色霉层，则是灰霉病感染，可以喷施烟酰胺、腐霉利等药剂。这些病都是在低温、高湿的环境下发生的，故要经常给予植株通风。出现蚜虫危害，可用乐果乳剂稀释后喷洒。

蓝莓

杜鹃花科越橘属

蓝莓又名蓝梅、笃斯、笃柿、嘟嗜、都柿、甸果、笃斯越橘，为杜鹃花科越橘属植物多年生灌木植物。植株灌木丛生，总状花序大部分侧生，有时顶生，果实呈蓝色、色泽美丽，被一层白色果粉包裹。

主要品种

蓝莓的主要品种可分为矮丛、半高丛、兔眼等。

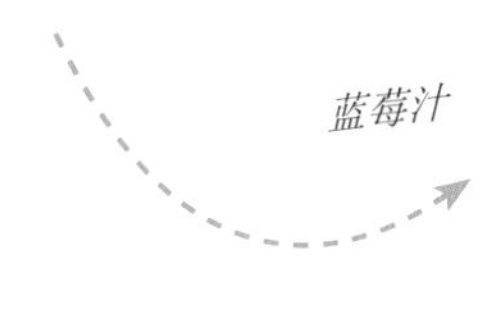

蓝莓汁

食用价值

蓝莓营养丰富，不仅富含常规营养成分，而且还含有极为丰富的黄酮类和多糖类化合物。

最佳播种时间

蓝莓的最佳栽苗时间在秋季。

准备材料

容器、幼苗、培养土、喷壶、剪刀。

小贴士：

蓝莓喜阳，能耐40℃的高温，只要早上给足水分，在生长季可以忍受周围环境中40～50℃高温。如缺乏充足的阳光，蓝莓生长停滞，即使开花，也不结果。

种植步骤

挑选健康、无病虫害、长势良好的2~3年蓝莓幼苗。

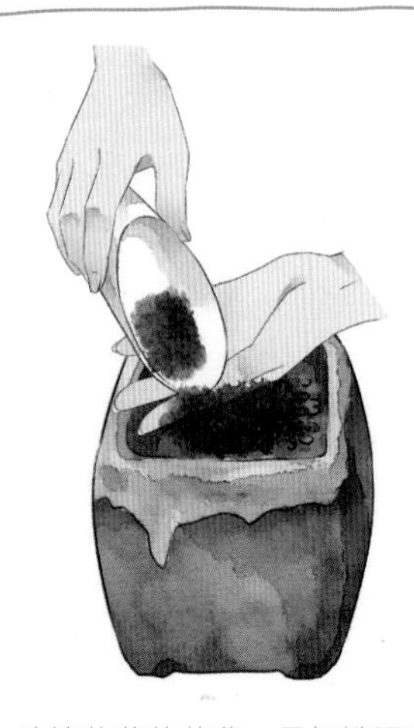

种植蓝莓的花盆，最好选泥瓦盆。泥瓦盆透气性强，价格便宜。在瓦盆中倒入培养土。

在盆土中间挖出一个坑。

将蓝莓幼苗栽入坑中，固定住，以防倒伏。

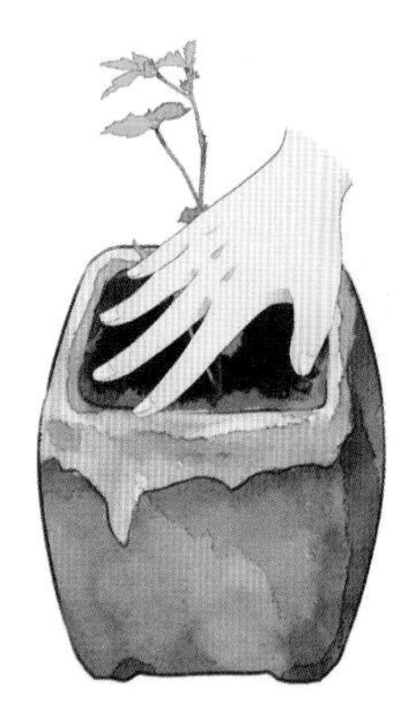

在幼苗根部土球周围填充适量培养土，蓝莓在酸性介质中才能健康成长，培养土的pH最好在4-5之间。

用手掌轻轻按压，栽苗后放在室内无阳光直射而又通风处放一周，进行缓苗，一周后可搬到阳台外正常养护。

3~4月份，是蓝莓开花的时节，此时要疏除部分花朵，否则不利于结果。

4~5月份，蓝莓陆续结果，此时将干瘪或发育不良的果子摘除，之后成熟的果实就可以收获了。

小贴士：

蓝莓对肥水的要求不高，高浓度的肥料反而会影响蓝莓的生长。在栽种前，在介质中加入一定量的腐叶土，基本就能满足蓝莓的生长需要。

因为阳台光照、通风等没有露地大面积栽种科学合理，所以阳台自己动手培育蓝莓时，还是需要适量追肥。建议施用“花多多”，1克兑水1000克，每7~10天一次。这种肥比较温和，即使过量也不会烧根。

第六章

不可缺少的美食佐料

小葱

小葱石蒜科葱属

小葱又名香葱、绵葱、火葱、四季葱、细米葱，为小葱石蒜科葱属多年生草本植物，上部为青色葱叶，下部为白色葱白，叶呈深绿色，表面附着白色粉末。茎外皮呈红褐色、紫红色等颜色。叶子是中空的圆筒状，且向顶端逐渐尖细。口感柔嫩，味香，微辣。

主要品种

栽培可选择“新鲜小葱”“小春”“九条”等品种。

小春

食用价值

小葱有刺激机体消化液分泌的作用，能够健脾开胃，增进食欲。

最佳播种时间

小葱的最佳播种时期在4~9月。

准备材料

容器、种子、颗粒石、培养土、喷壶、报纸、剪刀、镊子、小铲子。

小贴士：

栽培小葱无论沙壤、黏壤土均可，对土壤酸碱度要求不严，微酸到微碱性均可，但以疏松、肥沃、富含腐殖质的偏酸性的土壤为最佳，适宜生长温度是12~25℃。

种植步骤

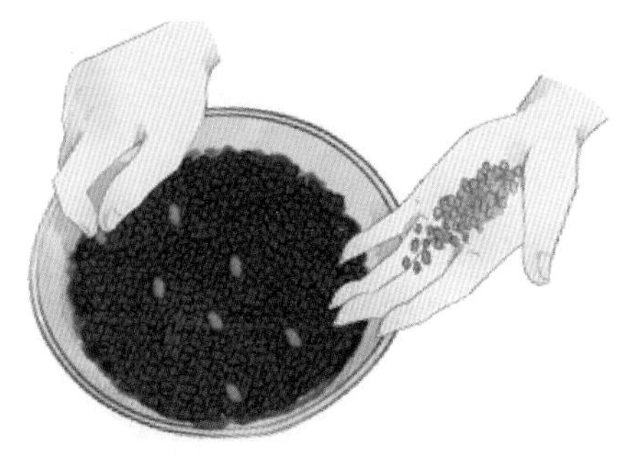

1 栽培小葱建议采用撒播的播种方式，由于小葱的种子发芽率不高，因此播种时要多撒一些，但要均匀，间距不能太密。

2 先在盆底铺一层颗粒石，再倒入混有基肥的培养土，然后将种子均匀地播撒在盆土表面。

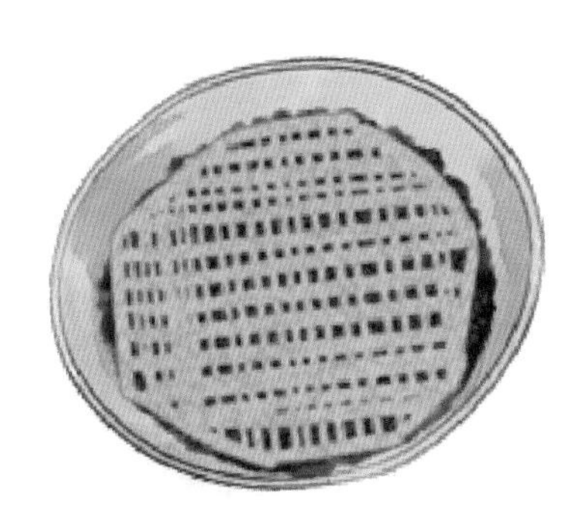

3 小葱的种子不喜欢阳光，因此种子上覆盖的培养土要比其他的植物多一些，否则不易发芽，覆土后用手掌轻轻按压。

4 取一张干净的旧报纸，裁剪成盆口的大小，铺在盆土表面，然后用喷壶将报纸喷湿，此外，在种子发芽前都要保持种子湿润。

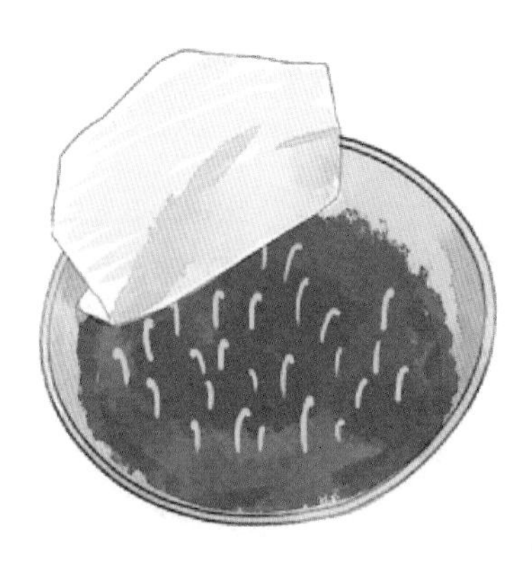

5 小葱播种后约一周发芽，发芽后就可以将报纸拿走了，当叶子长长后开始进行间苗。

6 小葱的间苗不用太仔细，稍微修理一下就行。间苗后，要在剩余菜苗的根部填入培养土。

7 当株高达到 5~6 厘米时，要通过填充培养土来施追肥，并一直持续到收获为止。

8 小葱一般在播种后 45 天左右收获，也可以株高达到 15 厘米为标准。收获时用剪刀在距离植物底部 3~5 厘米的地方剪断，可以每次少量收获，也可一次全部收获。

小贴士：

栽培小葱时，一般每隔两天在上午适量浇水一次，放在室内的话，要有一定的散射光照和通风条件。夏天要遮阳防晒，冬天要防冻保暖。

9 收获后，约 20 天，留在土里的根部就会长出新的叶子，一个月后就可以第二次收获。

问与答

问：小葱对于环境有什么要求？

答：小葱耐寒、耐热性都较强，四季都可以进行种植。最适合的生长温度为18 ~ 23℃。小葱的根系分布比较浅，对水的需求量较少，但不耐干旱。在沙性土壤中长势较好，对光照要求不高，强光下容易老化，使品质变差。

问：田地种植小葱时怎么定植？

答：一般情况下，当小葱的幼苗长到 15 厘米左右，具有 2 ~ 3 片叶子的时候就可以移栽定植。

定植时，每穴定植 3 ~ 5 株葱苗。一般的行间距为 12 ~ 20 厘米，株距为 8 ~ 10 厘米。定植的深度一般为 6 ~ 7 厘米。定植后要及时浇定根水，给幼苗提供足够的水分，提高幼苗的成活率。

小葱的根部能力很强，很快就可以长势茂密，在定植后 5 ~ 7 天，要及时进行浇水、施肥等工作。

问：收获的最佳时机是什么时候？

答：小葱长到 15 ~ 20 厘米时是最佳的收获时机，口感松嫩可口。收获种球是在5 ~ 6 月时进行，叶子变黄枯萎，挖出后放在背阴、通风效果好的地方保存，到了夏季就可以作为种球使用。

小葱的病虫害

霜霉病的主要危害是危害叶片。当苗长出 5 ~ 6 片叶，长到 17 厘米左右时进入旺长期，此时容易发病。先从外叶的中部或叶尖发病，向上下或中心叶蔓延。表面呈灰白色或灰褐色霉层，逐渐变成黄绿色，最后呈灰绿色干枯。叶片中部染病，病部以上逐渐干枯并且下垂或从病部折断枯死。潮湿时病叶会腐烂，下雨时就会凋落。

在苗长到 15 厘米左右开始喷药预防。可以选中霜霉净可湿性粉剂液，杀毒矾可湿性粉剂 500 倍液，每 7 ~ 10 天喷一次。发病初期用雷多米尔液、扑海因可湿性粉剂每7 ~ 10 天喷一次，连用 2 ~ 3 次。

出现紫斑病的情况时，在生长前期，用代森锰锌或百菌清等药剂进行喷雾预防，每隔 10 天 1 次，连续防治 2 ~ 3 次；发病初期选用苯醚甲环唑或百菌清等进行喷雾防治，每隔 7 ~ 10 天一次，连续防治 3 ~ 4 次。

香芹又名法国香菜、洋芫荽、荷兰芹、旱芹菜、番荽、欧芹，为伞形科欧芹属的二年生草本植物，根圆柱状，主根木质化，灰色或灰褐色，茎直立或稍曲折，叶片轮廓椭圆形或宽椭圆形。香芹可生食或用肉类煮食，也可作为菜肴的干香调料或做羹汤及其他蔬菜食品的调味品。

主要品种

主要品种有细叶芹、水芹、卷叶香芹等。

食用价值

香芹是一种营养成分很高的芳香蔬菜，其中以胡萝卜素及微量元素硒的含量较一般蔬菜高。

最佳播种时间

香芹的最佳播种时期在春秋季节。

准备材料

容器、种子、颗粒石、培养土、喷壶、报纸、剪刀、镊子、小铲子。

小贴士：

香芹喜欢冷凉的气候和湿润的环境，植株生长适温15~20℃，最适发芽温度为20℃左右，盆土适合用保水力强、富含有机质的肥沃壤土或沙壤土。

种植步骤

1 准备好容器和种子，在盆底铺一层颗粒石，再倒入混有基肥的培养土，然后将种子均匀地播撒在盆土表面。

2 播种后，再用手抓少量相同的培养土，均匀地抖落在盆土表面，覆土的厚度要求非常薄。

3 用手掌轻轻地按压盆土的表面，目的是为了使种子与培养土紧密地结合在一起。

4 取一张干净的旧报纸，裁剪成盆口的大小，铺在盆土表面，然后用喷壶将报纸喷湿，在种子发芽前都要保持种子湿润，发芽后报纸即可拿走。

香芹播种后约两周发芽，长出叶片后对拥挤的位置逐渐间苗，维持株距在 10 厘米左右。

在香芹的生长过程中，间苗要进行多次，避免叶片重叠拥挤，每次间苗后要补充培养土并施追肥。

播种后如果气温低，香芹就会生长缓慢，如果环境温暖，植物就能旺盛地生长。

小贴士：

在香芹整个生长期要进行叶面追施硼肥 3~5 次，气温较高时香芹易发生徒长，叶肉变薄，易受红蜘蛛等危害。

香芹一般在播种后 40 天左右可收获，收获时从外围的叶片开始，每次摘取一次性食用的量，留下部分菜叶在盆中，就能实现长期收获。

问与答

问：香芹叶子能不能毛？

答：家庭种植香芹时，如果用来食用要注意不要只食用茎部，也要食用叶子。香芹叶中胡萝卜素含量是茎的 88 倍、维生素 C 含量是茎的 13 倍、维生素 B1 含量是茎的 17 倍、蛋白质含量是茎的 11 倍、钙的含量则超过茎的 2 倍。香芹叶对癌症还具有一定的缓解作用，榨汁后做成饮料，还可以使人感觉欢快。

问：夏季播种和秋季播种为什么会有差别？收获完之后植株需要连根拔除吗？

答：香芹的种子休眠期很长，种子通过休眠期后会在 20℃的适温下发芽。7 ~ 10 天即可发芽，但是超过 25℃时发芽会变得困难。

因此夏播和秋播的香芹，出芽率差别很大。在催芽或者露地植播时要控制好温度。夏季要做好遮阴工作。

在收获完之后不要摘除植株，而是继续浇水，放置在半阴处继续生长，花开之后可以当作观赏品。

问：如何浇水？

答：播种之后放置在背阴处，充分浇水。土壤干燥之前就要进行浇水，直至盆底有水溢出。要先给盆底铺垫小碎石，帮助排水。注意防止过湿。

香芹的病虫害

香芹的冠腐病主要危害根茎和叶柄的基部，在收获之后的保存期间容易发病。病害部位在初期时呈灰褐色，扩大后逐渐变为暗绿色或黑色，染病部位扩大后引起破裂，露出皮下变色的组织，还会使接近地面的根冠部腐烂。收获后在贮藏前往植株上喷施波尔多液、代森锰锌可湿性粉剂液、百菌清可湿性粉剂液。

香芹黑斑病又叫做假黑斑病，香芹黑斑病发病部位在接近地表的根茎部和叶柄基部，根部有时也会受到感染。主要的病症是病部变黑斑会腐烂，生出许多小黑点。患病植株矮小细弱，底部腐烂，植株外围的 1 ~ 2 层叶柄会容易脱落。用杀毒矾可湿性粉剂加新高脂膜液进行防治，隔 7 ~ 10 天进行一次，连喷 2 ~ 3 次。

分葱

葱科葱属

分葱又名四季葱、大头葱、绵葱，为葱科葱属植物大葱的一个变种，多年生草本植物，株高20～30厘米，叶片圆筒形，先端渐尖，叶色为绿色，开花为伞形花序，小花白绿色，聚生成团，成熟时外被红色薄膜。

主要品种

建议选择“二十日分葱”这个品种。

食用价值

分葱含胡萝卜素、维生素B、维生素C及铁、钙、磷、镁等矿物质，还含葱辣素，具有较强的杀菌及抑制细菌、病毒的功效。

最佳播种时间

分葱的最佳播种时期在8~10月。

准备材料

容器、种球、培养土、填土器、喷壶、剪刀、镊子、小铲子。

小贴士：

分葱性喜冷凉，忌高温多湿，生育适温约为15～22℃，栽培土质以肥沃富含有机质之沙质土壤为佳，栽培过程中排水、日照需良好。

种植步骤

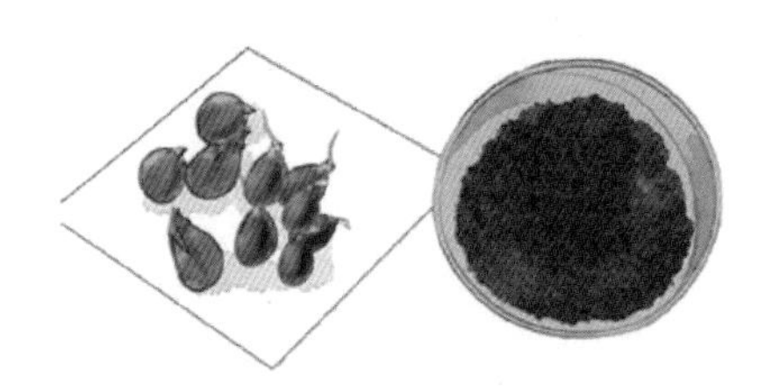

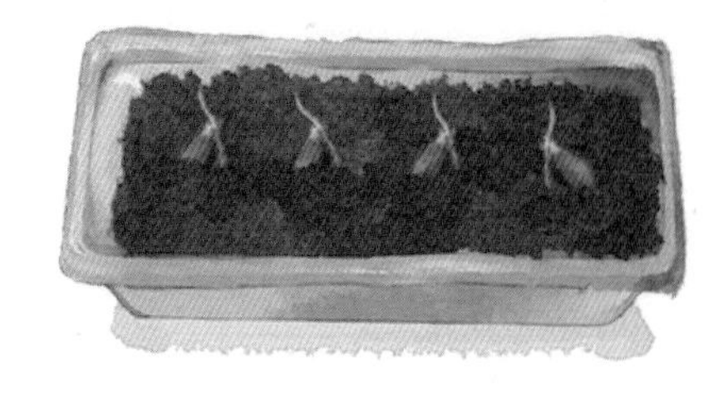

1 分葱所用的种球不要剥皮，可以直接栽种，栽培分葱还可以购买春季上市的杯苗使用。

将培养土倒入容器中，并在盆土中挖一个洞，洞与洞之间距离为10厘米左右，然后在每个洞中放入2~3个种球。

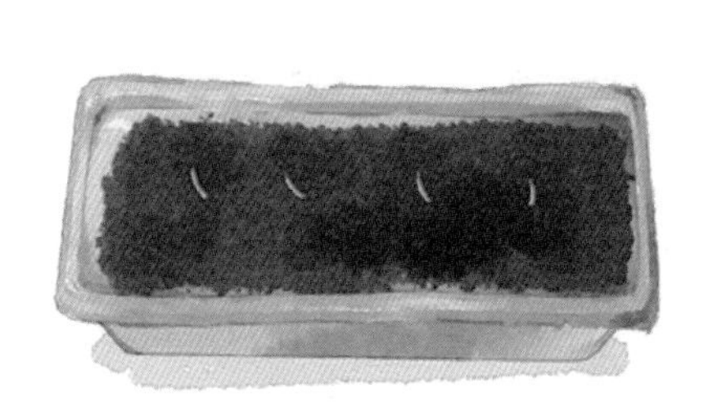

种完种球后，继续向盆中覆盖培养土，深度以种球的顶部刚刚露出土壤表面为宜。

选择杯苗栽培的，适合在4月下旬至5月上旬进行，一般每个杯中含有3~5个种球。

一般用三个杯苗中的幼苗栽种在容器中就可以了，要注意分开栽种，不要间距过密。

当株高达到 5~6 厘米时，开始施用追肥，直到收获为止。

分葱栽苗后一般一个月左右的时间即可收获，或者以植物高度达到 15 厘米为标准。

收获时可以一次收完，也可以每次少量地收获，用剪刀在植物根部向上 3~5 厘米处剪断即可。

小贴士：

除炎热的夏季外，分葱在初夏、秋季、初冬都可收获，分葱生长过程中的病害有菌核病、霜霉病、软腐病和锈病；虫害有葱蓟马、潜叶蝇、红蜘蛛和葱蚜等。

罗勒

唇形科罗勒属

罗勒又名九层塔、金不换、圣约瑟夫草、甜罗勒、兰香等，为唇形科罗勒属一年生草本植物。植株茎直立，多分枝，叶片卵圆形至卵圆状长圆形，总状花序顶生于茎、枝上，果实卵珠形。

主要品种

罗勒品种及变种繁多，如斑叶罗勒、丁香罗勒、捷克罗勒、德国甜罗勒等。

食用价值

食用罗勒具有提神的功效以及美容的效果。

最佳播种时间

罗勒的最佳栽苗时期在5月中旬。

准备材料

容器、幼苗、培养土、填土器、剪刀、洒水壶。

种植步骤

1 在容器中倒入四分之三的培养土，将罗勒的幼苗从种植杯中取出，栽入盆土中央。

2 继续向盆中填充培养土，使土壤表面与土球表面在同一高度，并用手将土壤稍稍压紧，最后浇足水。

3 栽苗后一周，植物会长得十分茂盛，此时要及早摘心，这样能使植株加快分枝。

摘心时，在植物根部向上 10 厘米左右的位置，用剪刀剪断即可，剪下的部分可以制作沙拉食用。

5 罗勒栽苗后约 3 周的时间就会开始开花，当植物开出第一朵花时，要立即将花芽摘除，否则会影响植物的生命力。

罗勒适合在花穗还没长大时收获，此时叶片的香味最浓，收获时用剪刀在茎的基部剪断即可。

问与答

问：四月播种的罗勒始终无法发芽是因为什么？

答：罗勒的适宜发芽温度偏高，如果无法发芽，可能是因为种子过老或者盖土过厚所造成的，也可以在夜晚搬至室内，白天时移到室外、阳台。

问：罗勒如何进行肥水管理？

答：罗勒要用发酵肥作为基肥，适量使用即可。追肥时要用液肥，浇水时并用，每两周进行一次。土壤出现干燥时就要浇水，浇至花盆底部有水溢出时停止浇水。苗没有长大前，浇水不要过多。

罗勒的病虫害

罗勒的主要虫害是黄蚁、蚜虫和金龟子。黄蚁会咬食种子或幼芽，可以用敌百虫液或敌敌畏液喷杀。蚜虫主要危害植株的嫩枝和幼叶，要喷洒亚胺硫磷倍液，不要喷洒乐果，以免引起早期落叶。而金龟子会危害罗勒的嫩枝和幼叶，要喷洒亚胺硫磷来治理。

辣椒

茄科辣椒属

辣椒又名辣子、辣角、牛角椒、红海椒、朝天椒等，为茄科辣椒属一年或有限多年生草本植物。植株茎近无毛或微生柔毛，叶互生，矩圆状卵形、卵形或卵状披针形，花单生，花冠白色，花药灰紫色，种子扁肾形。

朝天椒

主要品种

辣椒的品种有很多，包括朝天椒、簇生椒、小尖椒等。

干辣椒

食用价值

辣椒味辛，性热，具有温中健胃、散寒燥湿、发汗等功效。

最佳播种时间

辣椒的最佳栽苗时期在5月上旬。

准备材料

容器、幼苗、培养土、填土器、支架、包胶铁丝、洒水壶。

种植步骤

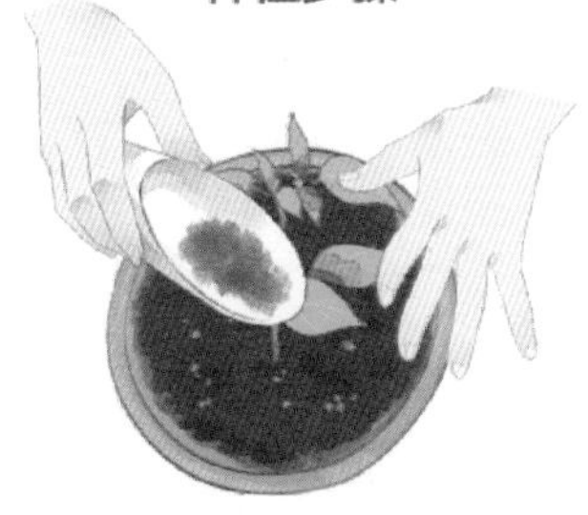

1 将培养土倒入容器中至距离容器上沿5厘米处，然后将辣椒幼苗栽入培养土中，注意不要破坏土球。

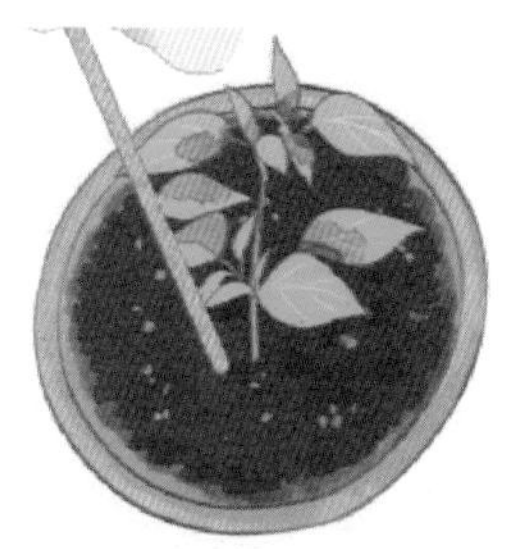

2 在盆土中斜插入一根支架，并将幼苗的茎用包胶铁丝绑定在支架上，但要留出一定的生长空间。

3 用手掌将盆土稍稍压紧，然后用洒水壶浇一次透水，以水分流出盆底为宜。

4 辣椒栽苗后一周的时间即可发芽，之后可以让其自然生长，不用摘心和摘除腋芽。

5 辣椒栽苗后约3周的时间就会开始开花，开花后慢慢结果，开始结果后就要开始施追肥。

6 辣椒栽苗后20天左右即可收获，或者以果实长度达到5厘米左右为标准，收获时将成熟的果实连根拔起即可。

问与答

问：在花盆里种植的辣椒是放在阴凉处还是太阳底下生长更好？

答：辣椒性喜高温，所以在阳光底下生长更好，但要记得每天浇水，尤其是夏天，早晚各浇一次，直到花盆底渗出水。

问：栽培小尖椒平时要注意什么？

答：小尖椒抗病虫能力强，性喜高温，所以要把小尖椒放置在光照条件好的地方生长，要多浇水，保持土壤的湿润。

辣椒的病虫害

辣椒的抗病虫害能力非常强，平时浇水时通过冲洗植株叶的内侧可预防病虫害发生。但在辣椒幼苗期容易生蚜虫，需要定期观察，如果发现就要及时摘除清理。

不同品种的辣椒

紫苏又名桂荏、白苏、赤苏、红苏、黑苏、白紫苏、青苏、苏麻、水升麻，为唇形科紫苏属一年生草本植物。植株具有特异的芳香，叶片先端长尖或急尖，基部圆形或宽楔形，边缘具圆锯齿。

主要品种

建议选择栽培简单、抗病能力强的品种。

食用价值

紫苏具有解表散寒、行气和胃的功能，主治风寒感冒、咳嗽、胸腹胀满，恶心呕吐等症。

最佳播种时间

紫苏的最佳栽苗时期在5~6月。

准备材料

容器、幼苗、培养土、填土器。

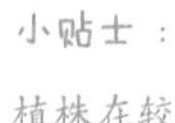

小贴士：

植株在较低的温度下生长缓慢，夏季生长旺盛，较耐湿，耐涝性较强，不耐干旱，在较阴的地方也能生长。紫苏生长时间比较短，平时施肥以氮肥为主。

紫苏对气候、土壤适应性都很强，适宜的发芽温度18~23℃。盆土最好选择排水良好的疏松肥沃的沙质壤土，重黏土生长较差。

种植步骤

1 在容器中倒入含有基肥的培养土，高度以达到容器的四分之三为宜，然后将紫苏的幼苗栽种在盆土内，并继续填充适量培养土，使盆土高度与幼苗根部的土球上表面平行。

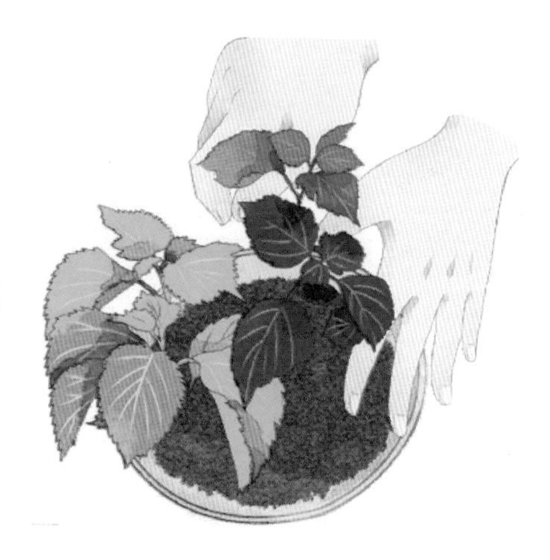

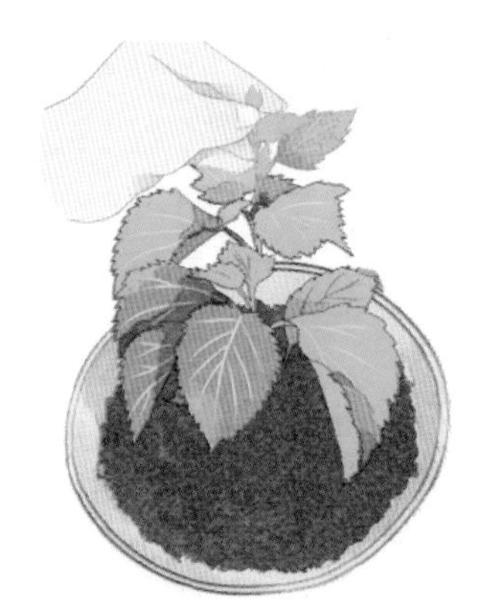

2 紫苏栽苗后约两周的时间，主枝会快速生长，此时需要及时进行摘心，从而促进分枝。

3 紫苏栽苗后4~5周即可收获，每次收获时至摘取够吃一顿的量，这样可以实现长期收获，在第二次收获后就要开始施追肥。

洋葱

百合科葱属

洋葱又名球葱、圆葱、玉葱、葱头、荷兰葱、皮牙子等，为百合科葱属二年生草本植物。植株的根为弦线状，叶子为浓绿色圆筒形中空状，表面有蜡质，小花白色，果肉一般是白色或淡黄色。

主要品种

栽培洋葱建议选择“红皮洋葱”或者“迷你洋葱”的品种。

红皮洋葱

食用价值

洋葱含有前列腺素A，能降低血黏度，食用洋葱能起到降低血压、提神醒脑、缓解压力、预防感冒等功效。

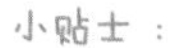

最佳播种时间

洋葱的播种时间以秋分前后为宜。

准备材料

容器、种子、颗粒土、培养土、填土器、喷壶、剪刀、报纸、小铲子。

小贴士：
洋葱对温度的适应性较强，种子在3～5℃下可缓慢发芽，幼苗的生长适温为12～20℃，洋葱对土壤的适应性较强，以肥沃疏松、通气性好的中性壤土为宜。

种植步骤

1 在容器的底部铺一层颗粒土，然后倒入含有基肥的培养土，再用木条划几道沟，间距在10厘米左右。

2 将洋葱的种子播撒在所划的沟中，并继续覆盖少量的培养土，厚度以淹没种子为宜，并用手掌轻轻按压。

3 取一张干净的报纸，裁剪成盆口的大小，盖在土壤表面，然后用喷壶将报纸喷湿，在发芽前都要保持湿润。

4 洋葱的种子发芽后，立即将报纸拿掉，并用小铲子将幼芽根部周围的土壤稍稍压紧，防止幼芽倒歪。

小贴士：

洋葱属长日照作物，在鳞茎膨大期和抽薹开花期需要14小时以上的长日照条件。洋葱在发芽期、幼苗生长盛期和鳞茎膨大期应供给充足的水分。但在幼苗期和越冬前要控制水分。

5 播种后大约两周的时间，植物慢慢长大，对于拥挤的地方要开始间苗，维持株距在10厘米左右。

6 间苗的过程中要尽量保证留下来的幼苗大小一致，间苗所摘下的幼苗既可以食用也可以单独栽植。

7 每次间苗后要在植物之间和根部周围及时地补充培养土，使植物能够稳固生长。

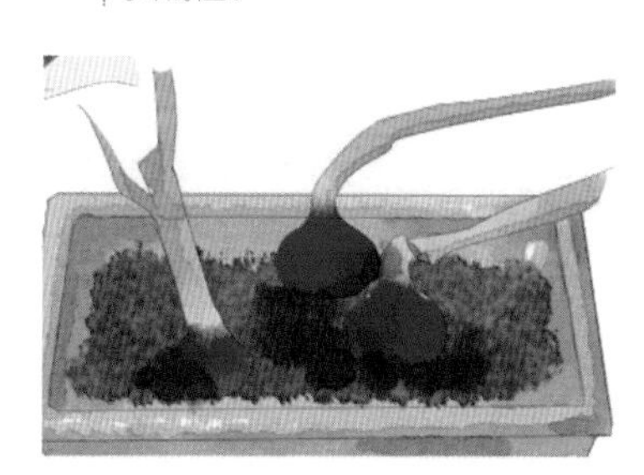

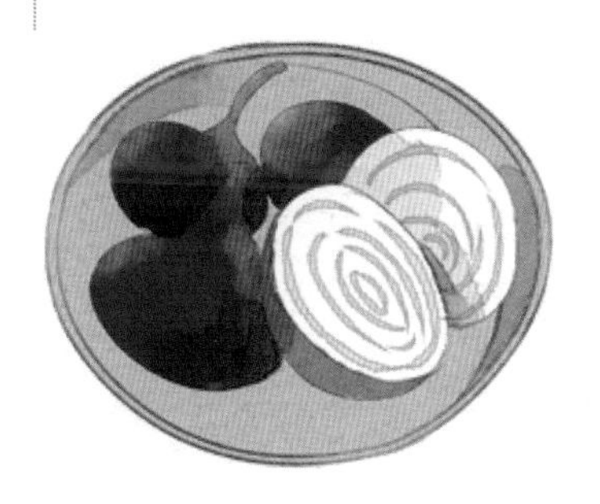

8 洋葱一般播种后8~9个月的时间收获，或者以植物80%的叶子歪倒为标准。

9 收获时握住叶子根部将植物拔出即可，收获的洋葱宜摆放在无阳光直射且通风良好的地方贮藏。

大蒜

百合科葱属

大蒜又名蒜头、大蒜头、胡蒜、葫、独蒜、独头蒜，为百合科葱属半年生草本植物。植株无主根，鳞茎大形，叶互生，为平行叶脉，伞形花序，花椭圆状披针形。

主要品种

按照颜色可分为红皮、白皮、紫皮，按照含水量可分为鲜蒜和干蒜。

白皮蒜

红皮蒜

食用价值

大蒜中含有蒜氨酸和蒜酶等有效物质，有抗菌消炎、保护肝脏、调节血糖、保护心血管等功效。

最佳播种时间

大蒜的最佳栽植时间在秋季和冬季。

准备材料

小贴士：

大蒜喜欢冷凉的环境，适宜生长的温度在 −5~26℃，对土壤要求不严，但富含有机质、疏松透气、保水排水性能强的肥沃壤土较适宜。

种植步骤

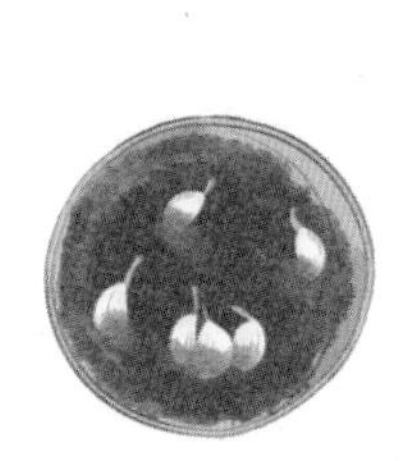

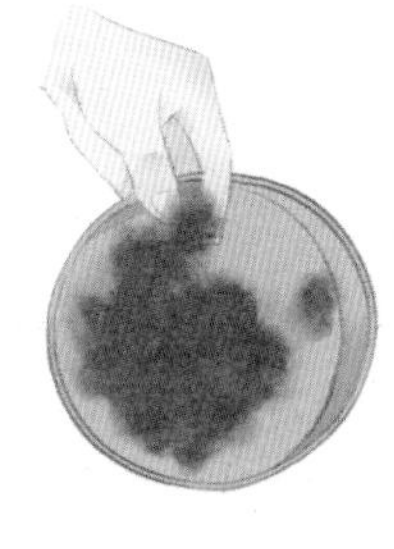

将大蒜坨掰开，搓碎成为独立的蒜头，注意大蒜的外衣不要弄掉。

2 在容器中倒入培养土，在土上挖几个小坑，将蒜头栽入小坑内，然后用喷壶将盆土喷湿。

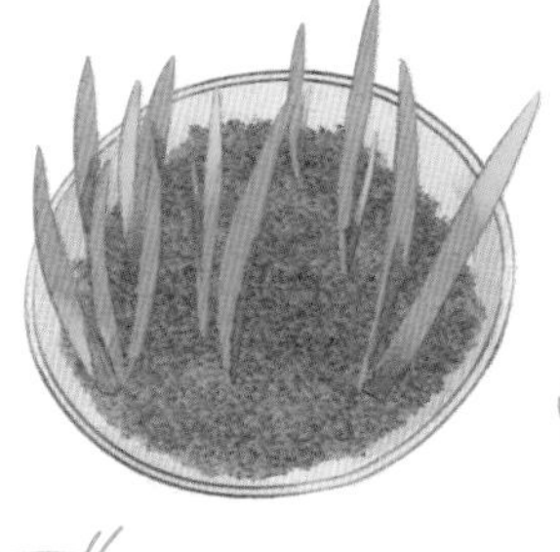

3 大约一周的时间就会发芽，此时要多接受阳光的照射，随着植物的生长，在过密的地方进行间苗，并适当施肥。

小贴士：

大蒜挖出之后，要立刻切除根部，干燥 3 ~ 5 天后再将茎叶切除，将几个串在一起悬挂在通风处，充分干燥后可以延长保存的时间。

大蒜很耐寒，如果冬季在露天的阳台上栽植不放心的话，可以在植物表面覆盖一层薄膜。

收获时，将植物连根拔起即可，土壤上面的蒜苗和土壤内的大蒜都可以食用。

大蒜的妙用

大蒜可以制作防虫的无害杀菌液。取一片蒜瓣捣碎，往杯内加入一升水，倒入时要用纱布过滤，稀释五倍之后用手喷壶喷洒即可。对于霜霉病、煤斑病都有效果。可以充分地利用大蒜的杀菌能力，用这种方法杀菌的大蒜吃在嘴里不用担心有毒。

小贴士：

选购时要选择没有损伤、没有受过虫害的优质种球。将种球的皮分开，将各瓣分开种植。

大蒜的病害

大蒜的锈病主要侵染叶片，用三唑酮可湿性粉剂或三唑酮乳油，每 10 天喷施一次，连续进行 1 ~ 2 次。

大蒜叶枯病主要危害蒜叶，多雨季节发病较多，用百菌清可湿性粉剂或代森锰锌可湿性粉剂喷施。

灰霉病主要危害叶片，在植株生长的中后期发生较多。在发病初期喷施代森锰锌可湿性粉剂。

大蒜常见的害虫有根蛆、葱蓟马、潜叶蝇、蛴螬等。在使用基肥时用充分腐熟的有机肥，且蒜种与肥料要适当地隔开；对于根蛆危害严重的部位，可以用晶体敌百虫用水溶解后泼洒，对于同时遭受根蛆、蛴螬危害的部位，用晶体敌百虫液喷洒植株根部的土壤。

小贴士：

大蒜的具体浇水方法如下：

第 1 次浇水是在齐苗期时：在播种一周之后苗基本长齐。在土壤较干燥的情况下浇水一次，促进苗的生长。

第 2 次浇水是在幼苗前期，因为正值梅雨季节，要注意浇水的量，保证排水。

第 3 次浇水是在幼苗的中后期，这个阶段是大蒜生长的重要时期。此时的土壤较干，要进行一次浇水。

第 4 次浇水是在抽薹期。此时的蒜苗已经分化，叶的面积增长到最大，根系也已扩展到最大范围，蒜薹的生长加快，此期是需水量最大的时期，要连续浇水促进生长。

第 5 次浇水是在蒜头的膨大期。收获蒜头前 5 天停止浇水，以此来控制长势。

大蒜也可以用水培养护

蘑菇

蘑菇科蘑菇属

蘑菇又名双孢蘑菇、白蘑菇、洋蘑菇、蒙古蘑菇、蘑菰、肉菌、蘑菇菌等，为蘑菇科蘑菇属的真菌，由菌丝体和子实体两部分组成。植株的形态就像插在地里的一把伞。

主要品种

蘑菇的种类有很多，包括平菇、香菇、金针菇、猴头菇等。

食用价值

很多蘑菇中都含有胡萝卜素，在人体内可转变为维生素 A，因此蘑菇有“维生素 A 宝库”之称。

最佳播种时间

蘑菇的最佳栽培时间在冬季。

准备材料

玻璃瓶、棉花、种子、花盆、培养土。

小贴士：

出菇时，在菌袋两端料面出现大量菇蕾时，再用小刀割去多余的塑料袋，露出幼菇。切勿过早打开袋口，以免造成料面干燥，影响菇蕾形成。

种植步骤

1 一般购买的菌类都是包扎好的，颜色为黑褐色，发菌正常的菌丝体颜色纯正、鲜亮，这样的就可以培育，出现绿色则是绿霉病，不能使用。

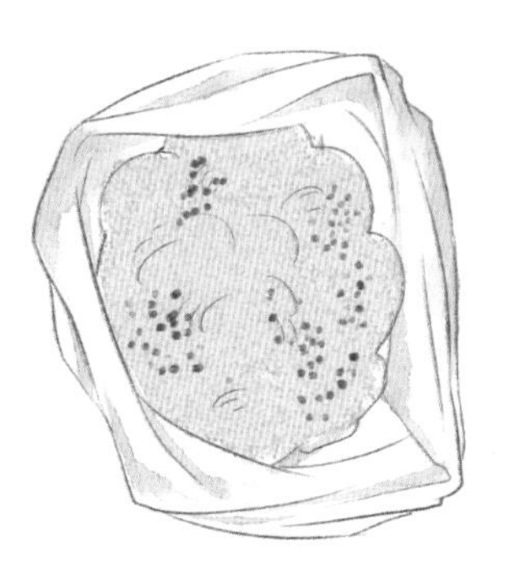

2 解开菌包扎带，开口直径为 1~2 厘米，向菌包内喷点水，要平放在半阴暗、潮湿、通风的地方，避免阳光直射。

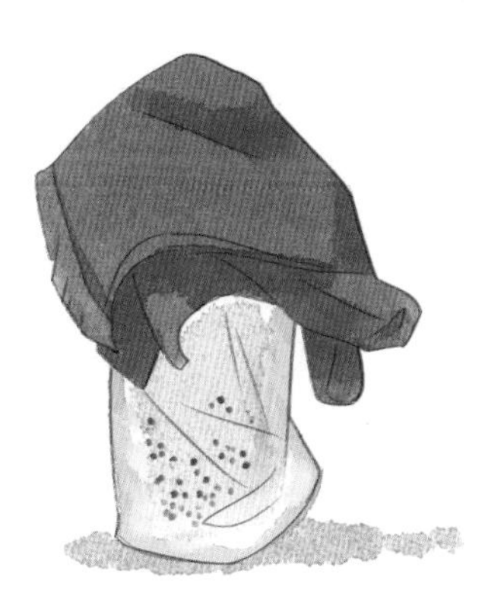

3 用湿毛巾或餐巾纸覆盖袋口，常向毛巾或餐巾纸喷水，保持透气湿润，菌袋内出现积水要及时倒出。

4 菌帽直径达到 1 厘米以后，要经常对菇喷雾，保持湿润，待蘑菇慢慢长大就可以收获了。

香菜

伞形科芫荽属

香菜又名芫荽、香荽、胡荽，为伞形科芫荽属一年生或二年生草本植物。植株圆柱形的茎直立，多分枝，叶片广卵形或扇形半裂，伞形花序顶生或与叶对生，花白色或带淡紫色，果实圆球形。

主要品种

香菜根据植物叶片大小的不同可分为大叶香菜和小叶香菜。

食用价值

香菜的茎叶作蔬菜和调香料，并有健胃消食作用，果实可提取芳香油。

最佳播种时间

香菜的最佳播种时间在春季和秋季。

准备材料

容器、种子、培养土、喷壶、剪刀、木板、遮阳网。

种植步骤

小贴士：

播种后，温度最好控制在20℃左右，不要低于10℃，不要高于30℃，否则出苗率很低。

香菜播种后，也可以再覆盖地膜，保湿保温，当种子萌芽后，再揭去地膜。

将香菜的种子放在一个平面上，用一块木板轻轻地按压种子，使其裂开，但不能碾碎。

将裂开的香菜种子放入温水中浸泡1~2天，但不能超过48小时。

将浸泡后的种子取出，用清水清洗后稍稍晾干即可进行播种。

播种时，将晾干的种子一个一个点播到盆土中。

播种后覆盖一层 0.5 厘米左右厚度的培养土，并浇一次足水。

6
播种后至出苗前要避免高温和阳光暴晒，可以架设遮阳网防高温，出苗后去掉遮阳网。

每天早晚给植物浇水，一个月左右的时间香菜就会长得枝繁叶茂了。

香菜播种后一般 30~60 天的时间即可收获，收获时可以一次性摘完，也可以分批采摘。

小贴士：

香菜播种时，要注意适量浇水，不要浇太多。等到种子出芽以后，可以将其放在被日光照射到的地方，并坚持早晚浇水。

生姜

姜科姜属

生姜又名姜根、百辣云、勾装指、因地辛、炎凉小子、鲜生姜、蜜炙姜等，为姜科姜属多年生宿根草本植物。植株肉质根茎肥厚、扁平，叶片针形至条状披针形，穗状花序卵形至椭圆形，果实长圆形。

主要品种

生姜的品种很多，包括白姜、黄姜、红姜、老姜、嫩姜、沙姜、南姜等。

食用价值

生姜含有辛辣和芳香成分，具有发散、止呕、止咳等功效。

最佳播种时间

生姜的最佳栽培时间在3~5月。

准备材料

容器、种子、清水、培养土、喷壶、小铲子。

种植步骤

小贴士：

栽培温度在15～30℃，发芽温度在18～20℃，生长温度在25～28℃。第一次浇水要浇透水，土壤干燥时就要及时浇水，直至盆底有水流出。梅雨季节时要注意排水，否则会烂根。

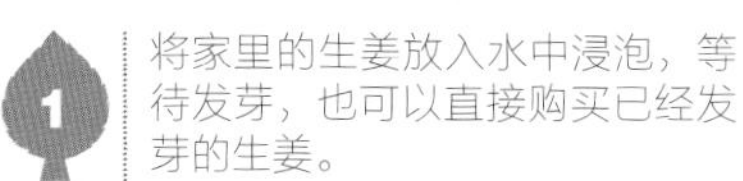

1 将家里的生姜放入水中浸泡，等待发芽，也可以直接购买已经发芽的生姜。

2 在容器中装入培养土，将发芽的生姜大半部分埋入土中，并再覆盖一层培养土。

3 播种后浇一次足水，然后将花盆放置在比较温暖的位置，等待发芽。

4 播种后3天左右即可发芽，之后天气炎热时每天浇水一次，天气温和时3天浇水一次。

等到幼苗长得比较粗壮时，移栽到更大的花盆中，约 11 周后，就长出了很多枝叶来了。

播种后5~6个月的时间即可收获，将植物的根茎挖出来就是生姜。

问与答

问：叶生姜、新生姜和根生姜怎么食用？

答：叶生姜（比较细嫩，连叶子一起采收的生姜）在移栽两个月后收获，新根稍稍变粗时就切掉根部，加入酱汁或者醋浸泡食用。

新生姜（亦称为嫩姜）收获后要在 15℃左右进行保存，以后可以直接蘸醋或酱油食用。

根生姜（亦称为老姜）除了进行种植，还可以切成细丝或者捣成泥状做调料。

问：叶生姜和根生姜的最佳收获时机是何时？

答：夏季叶生姜长到 25 厘米时就可以收获，秋季叶子变黄时就可以收获根生姜。

生姜的病虫害

生姜在梅雨季节时容易得枯萎病，要及时拔除，将带菌的土壤挖走。如果出现叶枯病，在发病初期，对姜苗喷多菌灵可湿性粉剂倍液。姜眼斑病发病初期用“翠丽”喷洒叶面。

姜炭疽病，在发病前喷施“云生”倍液可有效预防疾病发生，发病初期用“翠丽”喷洒叶面。姜斑点病则是在发病初期喷药防治，要用“扑宁”溶液。

迷迭香

唇形科迷迭香属

迷迭香又名海洋之露，艾菊，为唇形科迷迭香属灌木植物。植株茎及老枝圆柱形，皮层暗灰色，叶片上面稍具光泽，下面密被白色的星状绒毛，花冠蓝紫色。

主要品种

迷迭香的主要品种包括粉红迷迭香、宽叶雷克斯迷迭香等。

食用价值

迷迭香有较强的收敛作用，能调理油腻的肌肤，促进血液循环，刺激毛发再生，改善脱发。迷迭香是一种名贵的天然香料植物，可以作为盆栽置于书房、卧室、客厅等处。

最佳播种时间

迷迭香的最佳播种时间在早春。

准备材料

容器、种子、培养土、喷壶、剪刀。

种植步骤

> 小贴士：
>
> 迷迭香喜温暖，种子发芽适温为15~20℃，生长适温为15~30℃。
>
> 迷迭香的基质可以用泥炭土与珍珠岩按7:3的比例混合。并加入适当的腐熟肥料作为基肥。

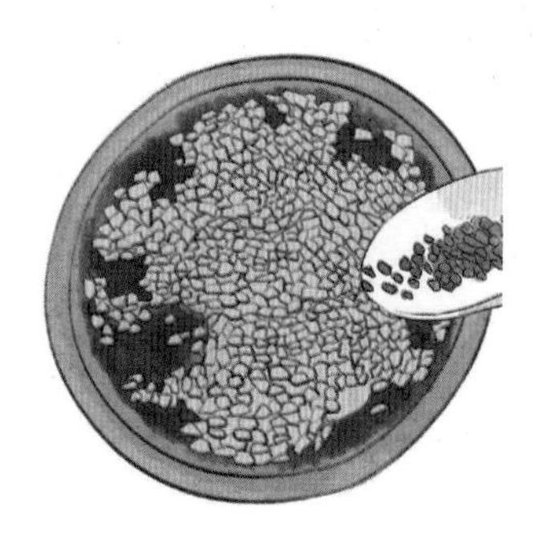

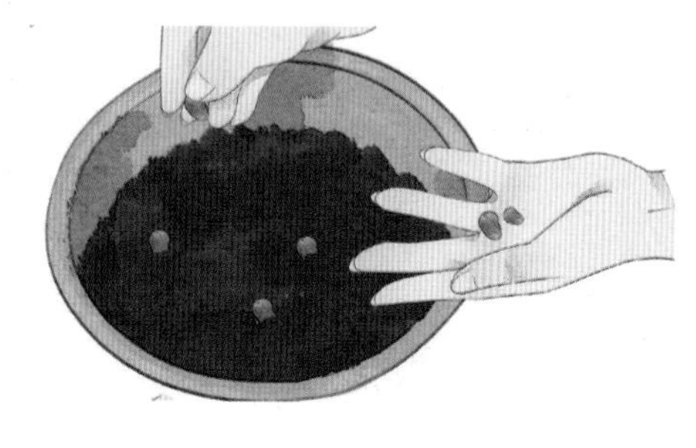

1 在容器的底部铺一层颗粒土，然后将培养土倒入容器中至七分满处。

2 将迷迭香的种子均匀地播撒在盆土表面。

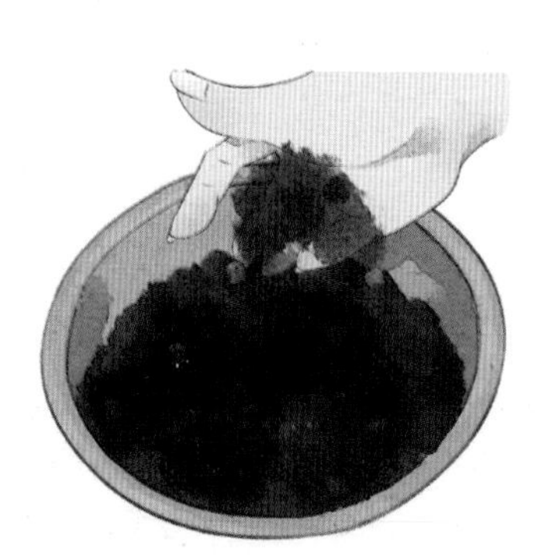

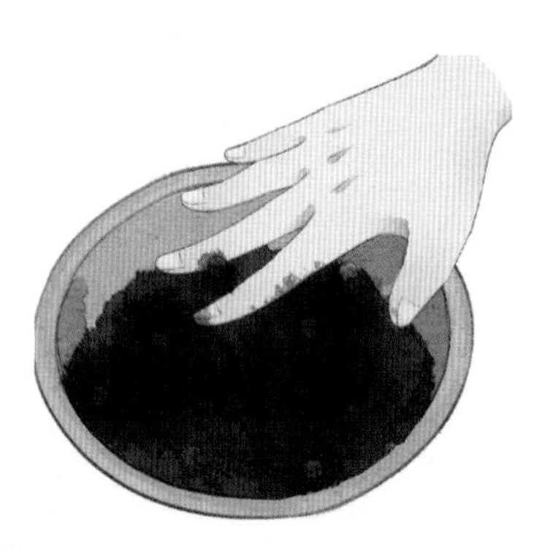

3 覆盖一层薄薄的培养土。

4 用手掌轻轻按压后浇一次足水。

播种后 2~3 周发芽。

播种后 70 天左右，当苗长到 10 厘米左右时，即可定植。

播种后约 6 个月的时间即可收获，花期在 11 月左右。迷迭香可用来泡花茶或制作香料。

小贴士：

迷迭香第一年的生长极为缓慢，即使到了秋季，成熟的植株大小和定植时差不多，2~3 年以后生长速度加快，产量增多。

迷迭香长到一定阶段后，枝条会渐渐地像树枝那样变硬，变得木质化。植株长大之后可移植到更大的钵中。不进行收获，使植株蓬散开来，起到观赏效果。再对其进行适度的管理，在四季中都能收获迷迭香。

问与答

问：怎么样能使迷迭香不会横生，不会变得杂乱？

答： 迷迭香的每个植株叶腋都会出现小芽，并随着枝条的伸长，腋芽会发育成枝条，长大以后就会使得整个植株因枝条横生，变得杂乱，也影响通风，从而导致植株容易感染虫病，因此要定期地整枝修剪。直立的品种很容易长得过高，在种植后开始生长时要剪去顶端，侧芽萌发后再剪 2 ~ 3 次，这样才能使植株低矮整齐，从而方便管理，增加收获量。

问：迷迭香能否净化空气？

答：迷迭香的香味浓郁，极具穿透力的香气还可有力地刺激人的呼吸中枢，促进人体吸进氧气，排除二氧化碳。随着香气的扩散，空气中的阳离子增多，又可进一步调节人的神经系统，促进血液循环，对失眠多梦有一定疗效。

问：迷迭香如何施肥？

答：苗期的施肥以氮肥为主，可促使枝叶的生长。生长期间每半个月追施一次肥料。抽穗开花前应追施以磷为主的肥料。

迷迭香的病虫害

迷迭香的病虫几乎没有，可能会被其他植株移转而来的蚜虫侵害以及红蜘蛛侵害。蚜虫用温热的少量肥皂水洗涤植株即可，红蜘蛛用稀释过的洋葱水浇淋。

迷迭香的防害条件有四条：一是要保持通风条件，保持凉爽。二是因为病虫害容易发生在不通风且阳光照不到的地点，因此要保持充足光照。三是要避免高温多湿的气候及环境。四是发现过多和老化的枯枝叶要及时剪去，将落在盆土表面的枯枝叶捡拾，防止招来病虫害。

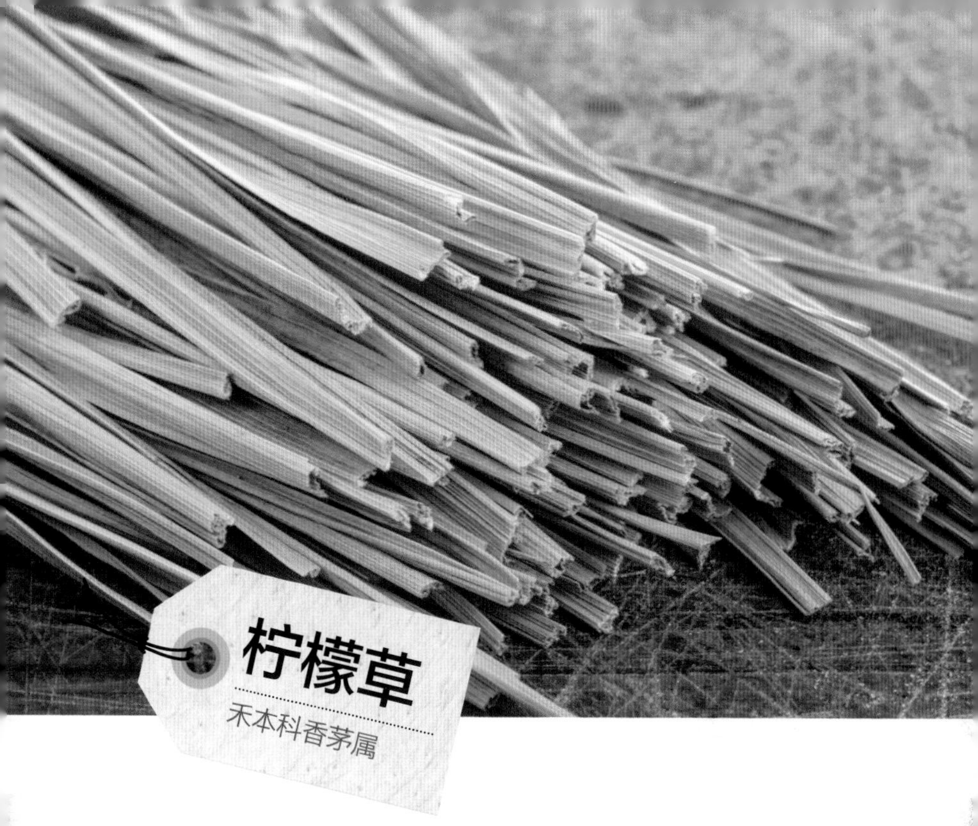

柠檬草

禾本科香茅属

柠檬草又名柠檬香茅、香茅草，为禾本科香茅属多年生草本植物。植株全株具有柠檬的香味，茎秆粗壮，被白色蜡粉，叶片顶端长渐尖，平滑或边缘粗糙。

主要品种

栽培柠檬草时建议选择习性强健、生长周期短的品种。

食用价值

柠檬草常见于泰国菜，有预防疾病、增强免疫力等功效。

最佳播种时间

柠檬草的最佳栽培时间在 3~4 月。

小贴士：

柠檬草喜温暖湿润环境，不耐寒，对土壤的要求不高，以较为疏松、肥沃而排水良好的沙质壤土为佳。

准备材料

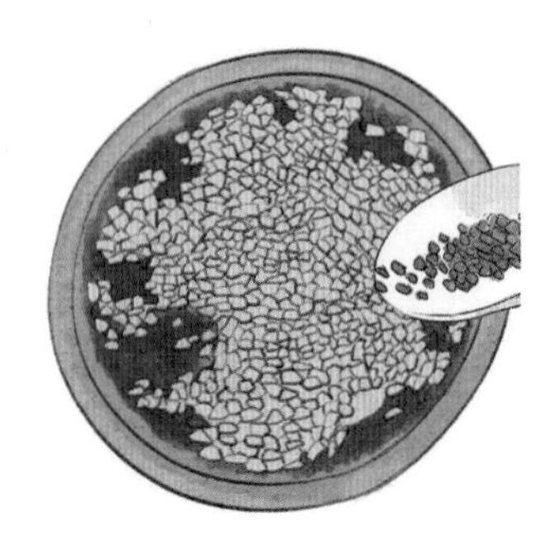

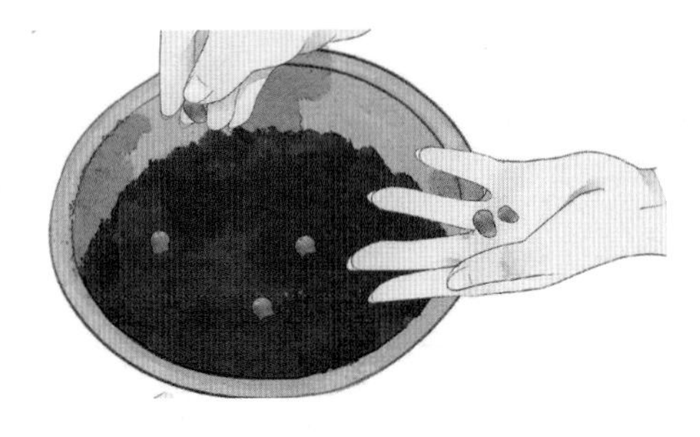

在容器的底部铺一层颗粒土，然后将培养土倒入容器中至七分满处。

将柠檬草的种子均匀地播撒在盆土表面。

3

覆盖一层薄薄的培养土。

用手掌轻轻按压后浇一次足水。

当植物长出 2~3 片真叶时，对拥挤的地方开始间苗。

间苗后及时补充培养土并施追肥。

柠檬草在植物开花期即可收获，摘下的茎叶可用于食品、药品、香料的制作。

小贴士：

柠檬草发芽后要注意及时地除草、施肥、浇水，还要保证柠檬草有充分的日照，这样柠檬草才能茁壮成长。

成年的柠檬草主要用分株繁殖，分株种植在 4 月进行，5 月时进行一次施肥，7 月高温干旱时要注意浇水，保持土壤湿润。每 3 ~ 4 年要移栽一次。

问与答

问：柠檬草如何施肥？

答：柠檬草的基肥要使用有机肥，在生长期追肥时用尿素和磷钾肥，多次、少量使用，可以防止流失。

柠檬草的病虫害

柠檬草容易生虫，红蜘蛛会刺破叶片、嫩梢然后吮吸汁液，受害的叶片表面会出现许多密集白点，叶片失去光泽变得灰白，红蜘蛛在春秋两季发生得最多。要及时检查病情，可以使用阿维菌素、螨园清灭扫利、炔螨特来防治。

锈壁虱喜阴凉，会躲在叶丛中，啃噬嫩叶和根部，可用阿维菌素进行防治。

薄荷

唇形科薄荷属

薄荷为唇形科薄荷属多年生草本植物。植株根茎横生于地下，全株气味芳香，叶片椭圆形或卵状披针形，边缘有粗大的牙齿状锯齿，唇形的小花淡紫色，花后结暗紫棕色的小粒果。主要品种有柠檬留兰香、皱叶留兰香、兴安薄荷、欧薄荷、留兰香灰薄荷等。

主要品种

薄荷根据其茎秆颜色及叶子形状来划分，可将薄荷分为紫茎紫脉类型和青茎类型。

食用价值

薄荷能促进人体新陈代谢，可舒缓肌肉疲劳，缓解神经痛，起到有利睡眠的效果。晕车严重时可直接把少量精油涂抹于鼻子前或太阳穴中，可唤醒昏迷者，而且其散发的特殊的芬芳香气还能驱除蚊虫。

问与答

问：如何繁殖薄荷？

答：薄荷的繁殖可用分株法。在 4 ~ 5 月，当苗高达到 10 厘米左右时，挖出老株进行分株，株与株之间要有一定的距离。上盆后，施人粪尿作种肥，并用土稍稍压紧根部。

问：薄荷如何施肥？

答：出苗时，施以粪水，促使幼苗生长。生长旺盛期，施粪水或碳酸氢铵，施肥后覆盖一层土。

问：如何选择薄荷？

答：薄荷的品种非常多，选择好自己需要的品种，种苗的叶色要均匀，应选择清香、健康的苗。适合家庭种植的薄荷大致有：绿薄荷、清凉薄荷、苹果薄荷、菠萝薄荷、留兰香、日本薄荷等。

问：薄荷的管理方法具体有哪些？

答：光照过强时叶片会散发刺激性气味，可以移入半阴处培育。要控制浇水量，从而提高薄荷的香味。在施基肥之后可以不再追肥。薄荷是宿根植物，因此在冬季会枯萎，春季时依然会发芽，夏秋开花。

问：薄荷中的留兰香、日本薄荷、苹果薄荷以及胡椒薄荷有什么特点？

答：留兰香的最大特征是甜美的香气，广泛地用在各种料理中。苹果薄荷适合用在料理、点心的制作里，有类似苹果般的香味。日本薄荷是原产于日本的最普通品种，香味强烈而且特殊。胡椒薄荷香味比较清新自然，适合泡茶或者做调味汁。

问：薄荷对土壤有何要求？

答：薄荷对土壤的要求不十分严格，除过沙、过黏、酸碱度过重以及低洼排水不良的土壤外，一般土壤均能种植。

薄荷的病虫害

薄荷锈病主要危害叶和茎。在 5 ~ 6 月的连续阴雨或过旱时容易发病。起初是在叶背出现橙黄色、粉状的夏孢子堆，之后会发生黑褐色、粉状的冬孢子堆。严重时导致叶片枯萎脱落，最终全株枯死。发病初期用三唑酮乳油倍液或用敌锈钠液防治。

薄荷斑枯病又称白星病，主要危害叶部。5 ~ 10 月间发生，会导致枯萎、脱落。发病初期要及时摘除烧毁，也可以用代森锰锌、百菌清喷洒。收获前 20 天停止用药。

小地老虎主要危害幼苗，春季时，幼虫会咬食苗茎，用菊马乳油、菊杀乳油喷洒根际。

银纹夜蛾危害叶和花蕾，幼虫咬食叶片，造成孔洞、虫斑，可用杀螟松液喷治。收割前 20 天停止用药。

用薄荷制作的饮料